太陽系から最果ての銀河まで…宇宙がはっきりと見えてきた

HST Hubble Space Telescope

ハッブル宇宙望遠鏡のすべて

～驚異の画像でわかる宇宙のしくみ～

沼澤茂美・脇屋奈々代 共著

誠文堂新光社

はじめに

私達は縁あって長い間ハッブル宇宙望遠鏡に関する書籍の制作に携わってきました。最初に出版した『HSTハッブル宇宙望遠鏡がとらえた宇宙』を作ったのは1997年のことです。そこに記した内容を見てみると、まず、ハッブル宇宙望遠鏡の運用期間は、2005年までの15年間であると記されていることに驚かされます。また、ハッブル宇宙望遠鏡を引き継ぐ、より大型の宇宙望遠鏡(NGST・2002年ジェームズ・ウェッブ望遠鏡と改名された）の製作が始まり、2007年の打上げをめざしてプロジェクトが進行しているという記述もあります。しかし、2015年現在、次世代大型宇宙望遠鏡の打ち上げ計画は2018年以降未定となっており、ハッブル宇宙望遠鏡は打ち上げから25年を経過して今なおめざましい活躍を続けています。この間、5回のサービスミッションが施行され、最新鋭の観測機器のインストールによってその性能は向上されました。しかし、スペースシャトル計画が終了した現在では、もう、ハッブル宇宙望遠鏡のメンテナンスを行うことができません。現在周回している高高度まで行ける宇宙船は存在しないからです。幸い、最終サービスミッションを2009年5月に終えてからもほとんどの機器は動作し、観測は継続されています。

今一度、打ち上げ当初に掲げられていた大規模な観測計画を見てみると、

1．クェーサーのスペクトルを調べることによって銀河間に分布する目に見えないガスを調べようという
「Quasar Absorption Line Survey」
2．数十億～100億光年という遠方の宇宙を調べる
「HST Medium-Deep Survey」
3．銀河の距離の決定する事を目的とした
「Determination of Extragalactic Distance Scale」
4．遠方の銀河を地上の望遠鏡でパトロールし，超新星の出現を検出後直ちにハッブル宇宙望遠鏡で観測し，その銀河までの距離を測定する
「Supernova Intensive Search」
5．ハッブル宇宙望遠鏡で観測可能な限り遠方の宇宙を探る
「Hubble Deep Field」

とあります。

そこには、1998年に発見された宇宙の加速度的膨張とダークエネルギーに関する記述や、重力レンズを利用したダークマターの観測がふれられていないのも実に興味深いことで、その間に天文学のトピックスが大きく変化、あるいは多様化したことや、ハッブル宇宙望遠鏡のもたらしたデータが、それまで天文学者が予期していたものをはるかに超えるものだったことなどを実感させてくれます。

本書は、ハッブル宇宙望遠鏡が稼働を開始してから25周年の節目の年に出版するにあたって、その集大成を紹介することを目指しましたが、これまでの成果はあまりにも膨大であり、その中で

になりますが、その中に18年間のハッブル宇宙望遠鏡の成果の変遷を見ることができるのは面白いことです。

本書では、打ち上げ当初に観測された画像と、現在の画像がいかに異なるか、つまりどれ程性能が進化したかを示す画像もいくつか掲載されています。たとえば、土星の画像などが良い例です。また、火星の画像などは継続観測による成果を示しており、きわめて重要なものですが、火星には複数の観測衛星が周回するようになり、最近は接近時でもハッブル宇宙望遠鏡の観測成果が公開されていないという事実に困惑することも　ありました。

恒星や星雲星団など、いわゆる星の一生に関わる観測では、最新のACSやWFC3と言った優れた解像度のカメラがもたらす驚くべきディティールを中心に選択してみました。銀河についても同様ですが、そこから宇宙の遠方に関しては、できることができることにあるかも知れません。また、天文学の啓蒙という枠を超えて、芸術や文学といった人の内面にまでも多大な恩恵をもたらしたといっても過言ではないでしょう。

最後になりましたが、本書に掲載された美しい画像を提供頂いたSTScIをはじめとした各種研究機関、研究者の方々に心より御礼申し上げます。また、本書の制作にあたって尽力してくださった誠文堂新光社の秋元宏之氏及びデザイナーの水谷 美佐緒氏、制作に携われたすべての皆様に感謝申し上げます。

2015年7月21日
日本プラネタリウムラボラトリー inc.
沼澤 茂美

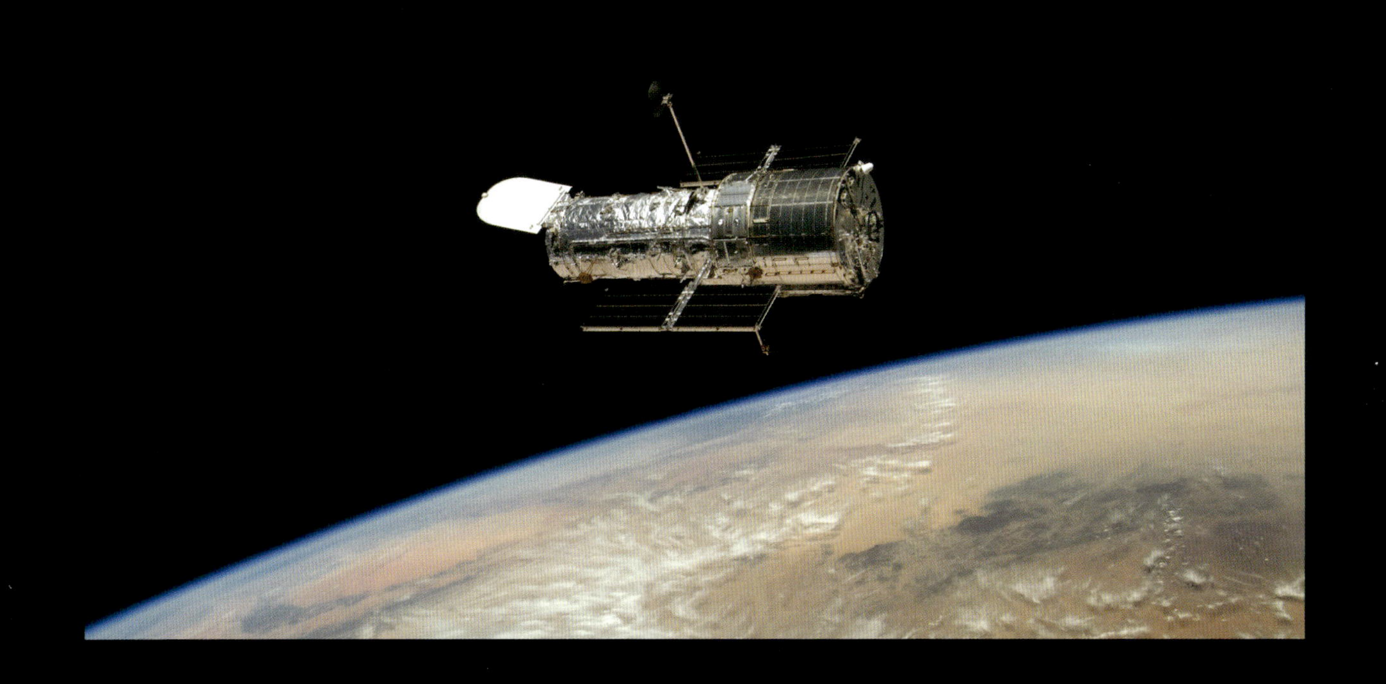

CREDIT

頁	画像タイトル	クレジット
10	スピッツァー	NASA
10	鏡	NASA
10	組み立て	NASA
11	打ち上げ	NASA
11	修理	NASA
12	修理前と後の画像	NASA
12	外観図面	NASA
13	SM-4	NASA
13	SM-3B 後の HST	NASA
14	ハッブル宇宙望遠級の構造	NASA
15	ACS	NASA/ESA and the ACS Science Team
15	観測装置の焦点面レイアウト	NASA
16	HST の解像度比較	NASA
16	ハッブル宇宙望遠鏡の実績	NASA
20	金星の紫外線画像	L. Esposito (University of Colorado, Boulder), and NASA
20	撮影された場所	沼澤
21	コペルニクス・クレーターの拡大	John Caldwell (York University, Ontario), Alex Storrs (STScl), and NASA
21	ティコ・クレーター付近	NASA, ESA, and D. Ehrenreich (Institut de Planétologie et d' Astrophysique de Grenoble (IPAG)/CNRS/Université Joseph Fourier)
21	金星の日面通過の観測	NASA, ESA, and A. Feild (STScl)
22 – 23	火星の大きさ	NASA/ESA, and The Hubble Heritage Team (STScl/AURA)
24	火星の北極の嵐発見	Jim Bell (Cornell U.), Steve Lee (U. Colorado), Mike Wolff (SSI), and NASA
24	謎のプルーム	
25	火星展開図	NASA, ESA, J. Bell (Cornell University) and M. Wolff (Space Science Institute, Boulder)
25	サイディング・スプリング彗星と火星	NASA, ESA, J.-Y. Li (PSI), C.M. Lisse (JHU/APL), and the Hubble Heritage Team (STScl/AURA)
25	火星クローズアップ	NASA, ESA, J.-Y. Li (PSI), C.M. Lisse (JHU/APL), and The Hubble Heritage Team (STScl/AURA)
26	ベスタと月の大きさ	イラスト・クレジット： NASA, ESAA, and Z. Levay (STScl)
		ベスタ画像クレジット： NASA, ESA, J.-Y. Li (University of Maryland, College Park), and L. McFadden (NASA/GSFC)
		月面画像クレジット : T. Rector, I. Dell'Antonio/NOAO/AURA/NSF
26	ベスタ	NASA, ESA, and L. McFadden (University of Maryland)
27	セレスの自転	NASA, ESA, J. Parker (Southwest Research Institute), P. Thomas (Cornell University), L. McFadden (University of Maryland, College Park), and M. Mutchler and Z. Levay (STScl)
27	セレス	NASA, ESA, J. Parker (Southwest Research Institute), P. Thomas (Cornell University), L. McFadden (University of Maryland, College Park), and M. Mutchler and Z. Levay (STScl)
27	セレスの内部構造	NASA, ESA, and A. Feild (STScl)
28	P/2013 P5	NASA, ESA, and D. Jewitt (UCLA)
28	P/2010 A2	NASA, ESA, and D. Jewitt (UCLA)
29	百武彗星	Hal Weaver (Applied Research Corp.), HST Comet Hyakutake Observing Team and NASA
30	シュワスマン・ワハマン第３彗星	NASA, ESA, H. Weaver (APL/JHU), M. Mutchler and Z. Levay (STScl)
30	テンペル第１彗星	NASA, ESA, P. Feldman (Johns Hopkins University), and H. Weaver (Johns Hopkins University Applied Physics Lab)
30	サイディング・スプリング彗星 C/2013 A1	NASA, ESA, and J.-Y. Li (Planetary Science Institute)
31	木星の変化 1994	NASA ,ESA, H. Weaver and E. Smith (STScl) and J. Trauger and R. Evans (Jet Propulsion Laboratory)
	木星の変化 2007	NASA ,ESA, and the Hubble Heritage Team (AURA/STScl)
	木星の変化 2009	NASA ,ESA, H. Hammel (Space Science Institute, Boulder, Colo.), and the Jupiter Impact Team
	木星の変化 2010	NASA ,ESA, M.H. Wong (University of Califoria, Berkeley), H.B. Hammel (Space Science Institute, Boulder, Colo.), A.A. Simon-Miller (Goddard Space Flight Center), and the Jupiter Impact Science Team
32	小さくなる大赤斑	NASA ,ESA, and A. Simon (Goddard Space Flight Center)
32	大赤斑周辺の雲	Hubble Heritage Team (STScl/AURA/NASA) and Amy Simon
33	メタンバンドで見た木星	NASA ,ESA, I. de Pater and M. Wong (University of California, Berkeley)
33	近赤外線で見た木星	NASA ,ESA, and E. Karkoschka (University of Arizona)
33	木星のオーロラ	John Clarke (University of Michigan), and NASA
34	木星面を通過する衛星	NASA ,ESA, and Z. Levay (STScl/AURA)
34	ガリレオ衛星	K. Noll (STScl), J. Spencer (Lowell Observatory), and NASA
35	衝突痕	Hubble Space Telescope Comet Team and NASA
35	シューメーカー－レビー第９彗星	なし
35	立ち上る火の玉	HST Jupiter Imaging Science Team
36	紫外線画像	Hubble Space Telescope Comet Team
36	衝突痕の形の変化	H. Hammel, MIT and NASA
36	2009 年の天体衝突	NASA ,ESA, M. H. Wong (University of California, Berkeley), H. B. Hammel (Space Science Institute, Boulder, Colo.), I. de Pater (University of California, Berkeley), and the Jupiter Impact Team
37	1990 年の土星像	NASA, ESA, and STScl
37	2003 年の土星像	NASA, ESA and E. Karkoschka (University of Arizona)
38 – 39	環の傾きの変化	NASA and The Hubble Heritage Team (STScl/AURA)
40	1994 年の嵐	Reta Beebe (New Mexico State University), D. Gilmore, L. Bergeron (STScl), and NASA
40	可視光で撮影した 1990 年の嵐	NASA/STScl
40	近赤外光で撮影した 1990 年の嵐	NASA/STScl
41	土星のオーロラ	NASA, ESA, J. Clarke (Boston University), and Z. Levay (STScl)
42	土星前面通過	NASA, ESA, and the Hubble Heritage Team (STScl/AURA)
42	タイタン	NASA/JPL/STScl
43	天王星の向きの変化	NASA, ESA, and M. Showalter (SETI Institute)
44	赤外線で観た天王星	NASA/JPL/STScl
44	天王星のオーロラ	NASA, ESA, and L. Lamy (Observatory of Paris, CNRS, CNES)
44	天王星の暗斑	NASA, ESA, L. Sromovsky and P. Fry (University of Wisconsin), H. Hammel (Space Science Institute), and K. Rages (SETI Institute)
45	天王星と海王星	NASA and Erich Karkoschka, University of Arizona
46	海王星の色	NASA, ESA, E. Karkoschka (University of Arizona), and H.B. Hammel (Space Science Institute, Boulder, Colorado)
46	季節変化	NASA/ESA, L. Sromovsky, and P. Fry (University of Wisconsin-Madison)
46	新衛星発見	NASA/ESA, and M. Showalter (SETI Institute)
47	冥王星とカロン	Dr. R. Albrecht, ESA/ESO Space Telescope European Coordinating Facility; NASA
47	冥王星と衛星	NASA, ESA, and M. Showalter (SETI Institute)
48	冥王星表面	NASA, ESA, and M. Buie (Southwest Research Institute)
48	冥王星の季節変化	NASA, ESA, and M. Buie (Southwest Research Institute)
48	ニクスの自転	NASA, ESA, M. Showalter (SETI Institute), and G. Bacon (STScl)

頁	画像タイトル	クレジット
49	1998 WW31	NASA/ESA and C. Veillet (Canada-France-Hawaii Telescope)
49	エリスとディスノミア	NASA, ESA, and M. Brown (California Institute of Technology)
49	セドナから見た空	NASA, ESA and Adolf Schaller
49	セドナ	NASA, ESA and M. Brown (Caltech)
52	TMR-1c	S. Terebey (Extrasolar Research Corp.) and NASA
52	CHXR 73b	NASA, ESA and K. Luhman (Penn State University)
53	HD 209458b オシリス	NASA, D. Charbonneau (Caltech & CfA), T. Brown (NCAR), R. Noyes (CfA) and R. Gilliland(STScl), G. Bacon(STScl/AVL)
53	グリーズ 876b	NASA and G. Bacon(STScl)
54	HD 189733b	NASA, ESA, M. Kornmesser(ESA/Hubble), and STScl
54	OGLE-2003-BLG-235L/MOA-2003-BLG-53L b	NASA, ESA and G. Bacon(STScl)
55	残骸円盤	NASA, ESA, G. Schneider (University of Arizona), and the HST/GO 12228 Team
56	ハッブル宇宙望遠鏡による惑星捜索	NASA, ESA, K. Sahu(STScl) and the SWEEPS Science Team
56	HR 8799	NASA, ESA, and R. Soummer(STScl)
57	フォーマルハウトの惑星	NASA, ESA and P. Kalas (University of California, Berkeley and SETI Institute)
57	らせん状星雲 NGC7293	NASA, NOAO, ESA, the Hubble Helix Nebula Team, M. Meixner (STScl), and T.A. Rector (NRAO)
60	グロビュール	NASA and The Hubble Heritage Team (STScl/AURA)
61	NGC 281 内のグロビュール	NASA, ESA, and The Hubble Heritage Team (STScl/AURA)
61	NGC 281	T.A. Rector/University of Alaska Anchorage and WIYN/AURA/NSF
62	馬頭星雲	NASA, ESA, and the Hubble Heritage Team (STScl/AURA)
63	H α光で見た馬頭星雲	NASA, NOAO, ESA and The Hubble Heritage Team (STScl/AURA)
63	M42	沼澤
63	KL 天体	NASA, ESA, and STScl
64	トラペジウム付近（可視光）	NASA; K.L. Luhman (Harvard-Smithsonian Center for Astrophysics, Cambridge, Mass.); and G. Schneider, E. Young, G. Rieke, A. Cotera, H. Chen, M. Rieke, R. Thompson (Steward Observatory, University of Arizona, Tucson, Ariz.)
64	トラペジウム付近（赤外光）	NASA; K.L. Luhman (Harvard-Smithsonian Center for Astrophysics, Cambridge, Mass.); and G. Schneider, E. Young, G. Rieke, A. Cotera, H. Chen, M. Rieke, R. Thompson (Steward Observatory, University of Arizona, Tucson, Ariz.)
65	原始惑星系円盤	Mark McCaughrean (Max-Planck-Institute for Astronomy), C. Robert O'Dell (Rice University), and NASA
65	蒸発する原始惑星系円盤	NASA/ESA and L. Ricci (ESO)
66 – 67	オリオン大星雲	NASA,ESA, M. Robberto (Space Telescope Science Institute/ESA) and the Hubble Space Telescope Orion Treasury Project Team
68	M16 中心部	T.A.Rector (University of Alaska Anchorage, NRAO/AUI/NSF and NOAO/AURA/NSF) and B.A.Wolpa (NOAO/AURA/NSF)
68	3 本の指構造	NASA, ESA, STScl, J. Hester and P. Scowen (Arizona State University)
68	ピラー	NASA, ESA, and The Hubble Heritage Team (STScl/AURA)
69	創造の柱	NASA, ESA, and the Hubble Heritage Team (STScl/AURA)
70	イータ・カリーナ星雲	Nathan Smith, University of Minnesota/NOAO/AURA/NSF
70	原始星から噴き出すジェット	NASA, ESA, and the Hubble SM4 ERO Team
71	ミスティック・マウンテン	NASA, ESA, and M. Livio and the Hubble 20th Anniversary Team (STScl)
71	イータ・カリーナ星	NASA, ESA, and J. Hester (Arizona State University)
72 – 73	イータ・カリーナ星雲中心部	NASA, ESA, N. Smith (University of California, Berkeley), and The Hubble Heritage Team (STScl/AURA)
74	モンキー星雲 NGC2174	NASA, ESA, and the Hubble Heritage Team (STScl/AURA)
75	NGC602	NASA, ESA, CXC and the University of Potsdam, JPL-Caltech, and STScl
76	タランチュラ星雲中心領域	NASA, ESA, and E. Sabbi (STScl)
77	R136	NASA, ESA, and E. Sabbi (ESA/STScl)
77	NGC2074	NASA, ESA, The Hubble Heritage Team (AURA/STScl), and HEIC
78	ハービッグ・ハロー天体	NASA, ESA, and P. Hartigan (Rice University)
79	オリオン座 LL 星のボウショック	NASA and The Hubble Heritage Team (STScl/AURA)
79	ランナウェイ・スター	NASA, ESA, and R. Sahai (NASA's Jet Propulsion Laboratory)
79	IRAS 20324+4057	NASA, ESA, the Hubble Heritage Team (STScl/AURA), and IPHAS
80	V838 Mon	NASA, ESA, and Z. Levay (STScl)
81	RS Puppis	NASA, ESA, and the Hubble Heritage Team (STScl/AURA)-Hubble/Europe Collaboration
82	ハッブルの変光星雲 NGC2261	NASA and The Hubble Heritage Team (AURA/STScl).
82	ハービッグ・ハロー 32 （HH 32）	NASA and The Hubble Heritage Team (AURA/STScl).
83	ブーメラン星雲	NASA, ESA and The Hubble Heritage Team (STScl/AURA)
84	ミラ	Margarita Karovska (Harvard-Smithsonian Center for Astrophysics) and NASA
84	みずがめ座 R 星	NASA, ESA, and STScl
85	シリウスと伴星	NASA, H.E. Bond and E. Nelan (Space Telescope Science Institute, Baltimore, Md.); M. Barstow and M. Burleigh (University of Leicester, U.K.); and J.B. Holberg (University of Arizona)
85	イータ・カリーナ星	Jon Morse (University of Colorado), and NASA
85	イータ・カリーナ星イラスト	イラスト : James Gitlin/STScl
86	N159	M. Heydari-Malayeri (Paris Observatory) and NASA/ESA
86	NGC6357 中心部	NASA, ESA, and J. Maíz Apellániz (Instituto de Astrofísica de Andalucía, Spain)
86	Pismis 24-1	NASA, ESA, and J. Maíz Apellániz (Instituto de Astrofísica de Andalucía, Spain)
87	青色はぐれ星	NASA, ESA, W. Clarkson (Indiana University and UCLA), and K. Sahu (STScl)
87	青色はぐれ星の形成	イラスト : NASA, ESA, and G. Bacon (STScl)
		科学的内容 : NASA, ESA, W. Clark (Indiana University and UCLA), and K. Sahu (STScl)
88	NGC3603	Wolfgang Brandner (JPL/IPAC), Eva K. Grebel (Univ. Washington), You-Hua Chu (Univ. Illinois Urbana-Champaign), and NASA
89	M4	左 : Kitt Peak National Observatory 0.9-meter telescope, National Optical Astronomy Observatories; courtesy M. Bolte (University of California, Santa Cruz)
		右 : Harvey Richer (University of British Columbia, Vancouver, Canada) and NASA
90	47 Tuc 中心領域	NASA and Ron Gilliland (Space Telescope Science Institute)
91	M22 中心部	NASA, ESA, and K. Sahu (STScl)
91	オメガ星団中心部	NASA and The Hubble Heritage Team (STScl/AURA)
92	散開星団 NGC265	European Space Agency & NASA
92	散開星団 NGC290	European Space Agency & NASA
93	NGC346	NASA, ESA and A. Nota (STScl/ESA)
94	キャッツアイ星雲	NASA, ESA, HEIC, and The Hubble Heritage Team (STScl/AURA)
95	双極性惑星状星雲	NGC 6302: NASA, ESA and the Hubble SM4 ERO Team
		NGC 6881: ESA/Hubble & NASA
		NGC 5189: NASA, ESA and the Hubble Heritage Team (STScl/AURA)

頁	画像タイトル	クレジット
		M2-9: Bruce Balick (University of Washington), Vincent Icke (Leiden University, The Netherlands), Garrelt Mellema (Stockholm University), and NASA/ESA
		Hen 3-1475: ESA/Hubble & NASA
		Hubble 5: Bruce Balick (University of Washington), Vincent Icke (Leiden University, The Netherlands), Garrelt Mellema (Stockholm University), and NASA/ESA
96 – 97	NGC7293　らせん星雲	NASA, NOAO, ESA, the Hubble Helix Nebula Team, M. Meixner (STScI), and T.A. Rector (NRAO).
98	NGC2392 エスキモー星雲	NASA, Andrew Fruchter and the ERO Team [Sylvia Baggett (STScI), Richard Hook (ST-ECF), Zoltan Levay (STScI)]
98	NGC7027	H. Bond (STScI) and NASA
98	CRL2688　エッグ星雲	NASA and The Hubble Heritage Team (STScI/AURA)
98	K4-55　コホーテク星雲	NASA, ESA, and the Hubble Heritage Team (STScI/AURA)
98	Mz 3　アリ星雲	NASA, ESA and The Hubble Heritage Team (STScI/AURA)
98	IC 3568	Howard Bond (Space Telescope Science Institute), Robin Ciardullo (Pennsylvania State University) and NASA
98	PN G054.2-03.4　ネックレス星雲	NASA, ESA, and the Hubble Heritage Team (STScI/AURA)
98	SuWt 2	NASA, NOAO, H. Bond and K. Exter (STScI/AURA)
98	NGC 6369	NASA and The Hubble Heritage Team (STScI/AURA)
98	NGC 2440	NASA, ESA, and K. Noll (STScI)
98	NGC 3132　南のリング星雲	The Hubble Heritage Team (STScI/AURA/NASA)
98	土星状星雲 NGC 7009	Bruce Balick (University of Washington), Jason Alexander (University of Washington), Arsen Hajian (U.S. Naval Observatory), Yervant Terzian (Cornell University), Mario Perinotto (University of Florence, Italy), Patrizio Patriarchi (Arcetri Observatory, Italy), NASA
99	MyCn18　砂時計星雲	Raghvendra Sahai and John Trauger (JPL), the WFPC2 science team, and NASA
99	NGC6751	NASA, The Hubble Heritage Team (STScI/AURA)
99	IC 4406	NASA and The Hubble Heritage Team (STScI/AURA)
99	NGC 6826	Bruce Balick (University of Washington), Jason Alexander (University of Washington), Arsen Hajian (U.S. Naval Observatory), Yervant Terzian (Cornell University), Mario Perinotto (University of Florence, Italy), Patrizio Patriarchi (Arcetri Observatory, Italy) and NASA
99	レッド・レクタングル	NASA; ESA; Hans Van Winckel (Catholic University of Leuven, Belgium); and Martin Cohen (University of California, Berkeley)
99	IC 418　スピログラフ星雲	NASA and The Hubble Heritage Team (STScI/AURA)
99	Hen-1357　アカエイ星雲	Matt Bobrowsky (Orbital Sciences Corporation) and NASA
99	NGC7662　青い雪だるま	
99	芸術的な姿の惑星状星雲	NASA, ESA, and The Hubble Heritage Team (STScI/AURA)
100 – 101	M57 リング星雲	NASA, ESA, C.R. O'Dell (Vanderbilt University), and D. Thompson (Large Binocular Telescope Observatory)
102	カシオペヤ座 A	NASA, ESA, and the Hubble Heritage (STScI/AURA)-ESA/Hubble Collaboration
103	SNR 0509-67.5	NASA, ESA, CXC, SAO, the Hubble Heritage Team (STScI/AURA), and J. Hughes (Rutgers University)
103	SNR 0509-67.5　可視光	NASA, ESA, and the Hubble Heritage Team (STScI/AURA)
103	N 49（ DEM L 190）	NASA and The Hubble Heritage Team (STScI/AURA)
104	網状星雲	Jeff Hester (Arizona State University) and NASA
105	カニ星雲全体	European Southern Observatory (ESO)
105	かにパルサー付近	NASA and The Hubble Heritage Team (STScI/AURA)
105	中性子星周辺	X 線画像：NASA/CXC/ASU/J. Hester et al.
		可視光画像：NASA/HST/ASU/J. Hester et al.
106	網状星雲	NASA, ESA, and the Hubble Heritage (STScI/AURA)-ESA/Hubble Collaboration
107	SNR1987A	NASA, ESA, P. Challis and R. Kirshner (Harvard-Smithsonian Center for Astrophysics)
107	E0102	NASA, ESA, and the Hubble Heritage Team (STScI/AURA)
110	ハッブルの分類（110 億年前の銀河）	NASA, ESA, M. Kornmesser
110	ハッブルの分類（現在の銀河）	NASA, ESA, M. Kornmesser
111	NGC4449	NASA, ESA, A. Aloisi (STScI/ESA), and The Hubble Heritage (STScI/AURA)-ESA/Hubble Collaboration
112	NGC2366	NASA & ESA
112	DDO 68（UGC5340）	NASA, ESA
113	NGC 5474	ESA/Hubble & NASA
113	UGC 1281	ESA/Hubble & NASA
114	NGC5866	NASA, ESA, and The Hubble Heritage Team (STScI/AURA)
115	NGC 2787	NASA and The Hubble Heritage Team (STScI/AURA)
115	NGC 524	ESA/Hubble & NASA
116	NGC 4710	NASA & ESA
117	NGC 4696	ESA/Hubble and NASA
118	NGC 1132	NASA, ESA, and the Hubble Heritage (STScI/AURA)-ESA/Hubble Collaboration
119	アンドロメダ銀河	NASA, ESA, Digitized Sky Survey 2
120 – 121	M31 中心領域	NASA, ESA, J. Dalcanton, B.F. Williams, and L.C. Johnson (University of Washington), the PHAT team, and R. Gendler
122 – 123	M31 周辺部	NASA, ESA, J. Dalcanton, B.F. Williams, and L.C. Johnson (University of Washington), the PHAT team, and R. Gendler
124	NGC1672	NASA, ESA
125	NGC4402	NASA & ESA
126 – 127	NGC2442	NASA, ESA
128	M83	NASA, ESA, and the Hubble Heritage Team (STScI/AURA)
129	ESO 121-6	ESA/Hubble & NASA
130	IC 2184	ESA/Hubble & NASA
131	アープ 273	NASA, ESA and the Hubble Heritage Team (STScI/AURA)
132 – 133	M82	NASA, ESA, A. Goobar (Stockholm University), and the Hubble Heritage Team (STScI/AURA)
134	NGC 922	NASA and ESA
134	NGC 3256	NASA, ESA, the Hubble Heritage (STScI/AURA)-ESA/ Hubble Collaboration, and A. Evans (University of Virginia, Charlottesville/NRAO/Stony Brook University)
135	NGC 7714	NASA and ESA
135	Arp 230	ESA/Hubble & NASA
136	Arp 142	NASA, ESA, and the Hubble Heritage Team (STScI/AURA)
137	NGC 6050	NASA, ESA, the Hubble Heritage (STScI/AURA)-ESA/Hubble Collaboration, and K. Noll (STScI)
137	セイファートの六ッ子	画像：NASA, J. English (U. Manitoba), S. Hunsberger, S. Zonak, J. Charlton, S. Gallagher (PSU), and L. Frattare (STScI)
		科学的内容：NASA, C. Palma, S. Zonak, S. Hunsberger, J. Charlton, S. Gallagher, P. Durrell (The Pennsylvania State University) and J. English (University of Manitoba)
138	ESO 137-001	NASA, ESA, and the Hubble Heritage Team (STScI/AURA)
138	長い尾	NASA, ESA, and the Hubble Heritage Team (STScI/AURA)
139	M51	NASA, ESA, S. Beckwith (STScI), and The Hubble Heritage Team (STScI/AURA)
139	M51 中心部	NASA, ESA, S. Beckwith (STScI), and The Hubble Heritage Team (STScI/AURA)
139	X 字模様	H. Ford (JHU/STScI), the Faint Object Spectrograph IDT, and NASA
140	NGC4261	Walter Jaffe/Leiden Observatory, Holland Ford/JHU/STScI, and NASA
140	NGC6251	Philippe Crane (European Southern Observatory) and NASA
140	NGC7052	Roeland P. van der Marel (STScI), Frank C. van den Bosch (Univ. of Washington), and NASA.
141	ヘルクレス座 A	NASA, ESA, S. Baum and C. O'Dea (RIT), R. Perley and W. Cotton (NRAO/AUI/NSF), and the Hubble Heritage Team (STScI/AURA)
141	3C 264 (NGC 3862)	NASA, ESA, and E. Meyer (STScI)
144	ステファンの五つ子	NASA, ESA, and the Hubble SM4 ERO Team
145	HCG　7	ESA/Hubble & NASA
145	Abell 3627	ESA/Hubble & NASA
146	HCG 16	NASA, ESA, ESO, J. Charlton (The Pennsylvania State University)
147	Extended Groth Strip, EGS	NASA, ESA, and M. Davis (University of California, Berkeley)
148 – 149	かみのけ座銀河団の外縁部	NASA, ESA, and the Hubble Heritage Team (STScI/AURA)
150	パンドラ銀河団 Abell 2744	NASA, ESA and D. Coe (STScI)/J. Merten (Heidelberg/Bologna)
151	Abell 2744 の最新画像	NASA, ESA, and J. Lotz, M. Mountain, A. Koekemoer, and the HFF Team (STScI).
152	Abell 1689	NASA, ESA, and B. Siana and A. Alavi (University of California, Riverside)
153	MACS J1206.2-0847	NASA, ESA, M. Postman (STScI) and the CLASH Team
154 – 155	MACS J0717.5+3745 の周辺	NASA, ESA, Harald Ebeling(University of Hawaii at Manoa) & Jean-Paul Kneib (LAM)
156	MACS J0717.5+3745 の周辺のダークマター	NASA, ESA, Harald Ebeling (University of Hawaii at Manoa) & Jean-Paul Kneib (LAM)
156	フィラメントの立体構造	NASA, ESA, Harald Ebeling (University of Hawaii), Karen Teramura (University of Hawaii)
157	Abell 68	NASA & ESA. Acknowledgement: N. Rose
158	MACS J1149+2223 と超新星	NASA, ESA, S. Rodney (John Hopkins University, USA) and the FrontierSN team; T. Treu (University of California Los Angeles, USA), P. Kelly (University of California Berkeley, USA) and the GLASS team; J. Lotz (STScI) and the Frontier Fields team; M. Postman (STScI) and the CLASH team; and Z. Levay (STScI)
158	時間差と宇宙の膨張	NASA & ESA
159	Abell 383	NASA, ESA, C. McCully (Rutgers University), A. Koekemoer (STScI), M. Postman (STScI), A. Riess (STScI/JHU), S. Perlmutter (UC Berkeley, LBNL), J. Nordin (NBNL, UC Berkeley), and D. Rubin (Florida State)
160	MCS J0416.1-2403	ESA/Hubble, NASA, HST Frontier Fields
161	MCS J0416.1-2403 質量分布	ESA/Hubble, NASA, HST Frontier Fields
162	アインシュタインリング	ESA/Hubble & NASA
163	ダブルリング SDSSJ0946+1006	NASA, ESA, and R. Gavazzi and T. Treu (University of California, Santa Barbara)
163	アインシュタイン・リングの仕組み	参考図：Jodrell Bank Observatory
164	アインシュタイン・リング候補	NASA, ESA, and the SLACS Survey team: A. Bolton (Harvard/ Smithsonian), S. Burles (MIT), L. Koopmans (Kapteyn), T. Treu (UCSB), and L. Moustakas (JPL/Caltech)
164	COSMOS サーベイで発見された重力レンズ天体	NASA, ESA, C. Faure (Zentrum Für Astronomie, University of Heidelberg) and J.P. Kneib (Laboratoire d'Astrophysique de Marseille)
165	H-ATLAS J142935.3-002836	NASA/ESA/ESO/W. M. Keck Observatory
165	H-ATLAS J142935.3-002836 図解	ESA/ESO/M. Kornmesser
165	アインシュタイン・クロス	NASA, ESA, and STScI
166	超高光度赤外線銀河	NASA, Kirk Borne (Raytheon and NASA Goddard Space Flight Center, Greenbelt, Md.), Luis Colina (Instituto de Fisica de Cantabria, Spain), and Howard Bushouse and Ray Lucas (Space Telescope Science Institute, Baltimore, Md.)
167	過去のクエーサーのゴースト	NASA, ESA, and W. Keel (University of Alabama, Tuscaloosa)
167	異常に明るい銀河	NASA, ESA, and E. Glikman (Middlebury College, Vermont)
168	宇宙の綱引き	NASA, ESA, and A. Feild (STScI)
168	宇宙を構成するエネルギーの割合	沼澤
169	遠方の超新星	NASA, ESA, and A. Riess (STScI)
170	観測領域の比較	NASA, A. Feild and Z. Levay (STScI)
171	XDF 領域	イラスト：NASA, ESA, and Z. Levay (STScI)
		画像：T. Rector, I. Dell'Antonio/NOAO/AURA/NSF, Digitized Sky Survey(DSS), STScI/AURA, Palomar/Caltech, and UKSTU/AAO
		科学的内容：NASA, ESA, G. Illingworth, D. Magee, and P. Oesch (University of California, Santa Cruz), R. Bouwens (Leiden University), and the HUDF09 Team
171	XDF を 3 つの時代に分ける	イラスト：NASA, ESA, and Z. Levay, F. Summers (STScI)
		科学的内容：NASA, ESA, G. Illingworth, D. Magee, and P. Oesch (University of California, Santa Cruz), R. Bouwens (Leiden University), and the HUDF09 Team
172 – 173	GOODS　CDF-S	NASA, ESA, the GOODS Team and M. Giavalisco (STScI)
174 – 175	HUDF2014	NASA, ESA, H. Teplitz and M. Rafelski (IPAC/Caltech), A. Koekemoer (STScI), R. Windhorst (Arizona State University), and Z. Levay (STScI)
176	おたまじゃくし銀河	NASA, A. Straughn, S. Cohen, and R. Windhorst (Arizona State University), and the HUDF team (Space Telescope Science Institute)

HST ハッブル宇宙望遠鏡のすべて　目次

ハッブル宇宙望遠鏡
HUBBLE SPACE TELESCOPE

ハッブル宇宙望遠鏡はヨーロッパ宇宙機関（ESA）とアメリカ航空宇宙局（NASA）の国際共同プロジェクトです。1990年4月25日、スペースシャトル・ディスカバリーによって、高度600kmの軌道上に運ばれました。

ハッブル宇宙望遠鏡は口径が小さいながら、空気のほとんどない地球軌道上にあるため、大気の揺らぎによる像の乱れがありません。そのため、ハッブル宇宙望遠鏡は今までの地上の大望遠鏡に比べ、10倍良いディテールで、宇宙の姿を捉えることが出来ます。

また、ハッブル宇宙望遠鏡は大変正確に天体を導入し、追尾することが出来ます。ハッブル宇宙望遠鏡の天体導入システムは、0.01arc秒の精度で天体に向くことができ、24時間、0.005arc秒の精度で天体を追尾し続けることが出来ます。この驚くべき精度は、東京から広島県の尾道にある直径1.7cmの10セント硬貨に望遠鏡をロックし続けるのに等しいものです。

ハッブル宇宙望遠鏡には、現在、6台の観測機器に13種の観測装置が搭載されています（一部使用できなくなった観測装置があります）。

ハッブル宇宙望遠鏡の歴史

地上の望遠鏡は、常に揺らいでいる地球大気の影響を受けて、その解像度が限定されてしまいます。条件の良い観測地でも大気のゆらぎは角度で0.5秒（1度の1/60が1分、その1/60が1秒）、これ以上の分解能をコンスタントに得ることは不可能でした。また、可視光よりも短い波長の光や長い波長の光の多くは大気に吸収されて地上にとどかないため、重要な物理情報を取得できません。

1946年、アメリカの天文学者スピッツァー（Lyman Spitzer）は、地球大気の外から宇宙を見たら、天文学者はどれほど素晴らしいながめを得られるかという画期的な論文を発表しました。そして宇宙望遠鏡の具体的なプランは1966年から検討されていました。1969年はアポロ11号による人類初の有人月面探査にわいた年です。アポロ計画の膨大な予算はしばしば問題にされはじめ、それ以後の資金繰りは次第に厳しいものとなってゆきました。そんな中、NASA（アメリカ航空宇宙局）は1971年に宇宙望遠鏡のアイデアを採用しましたが、当初の計画内容は縮小され、現在の望遠鏡スペックに落ち着きました。1976年にはESA（ヨーロッパ宇宙機関）との間で共同開発の契約が交わされ、ESAは費用の15パーセントを負担することになりました。それによって1977年、宇宙望遠鏡計画は4億6000万ドルの予算で発注されました。

しかし、宇宙望遠鏡の実現は常に想像を絶する問題がつきまとっていました。宇宙望遠鏡は地球の周回軌道に配置されます。およそ90分で地球上空を一回りします。その間にプラスマイナス100度以上の急速な温度変化を経験し、高精度な観測性能を連続的に長期間維持しなければなりません。

ライマン・スピッツァー
アメリカの理論天体物理学者で、1940年代から宇宙望遠鏡の建設を提案し、その有用性についての論文を発表しています。それがハッブル宇宙望遠鏡計画の礎となりました。彼の名前はスピッツァー赤外線宇宙望遠鏡に冠されています。

メインとなる口径2.4m主鏡は地上では重力と気圧によって比較的容易（宇宙環境に比較すれば）に面精度が維持されますが、宇宙ではあらゆる方向に変形しやすくなります。そのため、鏡は薄く作られ、複数のアクチュエーターによって加圧変形されて面精度が保たれます。鏡材はコーニング社のULE（超低膨張）ガラスを使用し、ヒーターによって常に15℃に保たれています。それぞれのエレメントや観測機器は温度による焦点変化が起きないような無膨張素材で連結されています。搭載される観測機器、光学機器以外の部分についても無重量の真空状態で長期間メンテナンスなしで機能するために特別の注意が払われて開発が行われました。

計画がスタートしてから15年の歳月と最終的には当初予算の5倍以上、25億ドルの巨費を投じて1986年夏に宇宙望遠鏡が完成しました。望遠鏡は、宇宙が膨張していることを発見したアメリカの天文学者ハッブル（Edwin　Hubble）にちなんで、ハッブル宇宙望遠鏡（HST）と名付けられました。

しかし、完成直前に起こったスペースシャトルチャレンジャー号の爆発事故により、打ち上げは延期、計画は4年間足踏み状態となってしまいました。

主鏡の研磨
1979年3月、パーキン・エルマー社で口径2.4mの主鏡の研磨が行われている様子。光学部分の製造と組み立ては同社が行いました。

満を持して望んだ1990年4月24日、ハッブル宇宙望遠鏡はスペースシャトル、ディスカバリー号に積

光学部分の組み立ての様子
鏡筒はグラファイト・エポキシ材によるトラス構造で、これは温度変化に対して無伸縮です。右の金色の筒部分は主バッフルです。

み込まれ、ケープカナベラルから打ち上げられました。そして、地上600kmの上空で軌道に放出されたのです。

5月20日、初めての試写が行われました。ところがこの時、ハッブル宇宙望遠鏡の致命的な欠陥が発見されたのです。望遠鏡の主鏡が設計通りではなく、ハッブル宇宙望遠鏡の捉えたイメージは、球面収差のような症状により、焦点が一点に集約しなかったのです。得られた画像は地上の大望遠鏡を使って撮影したものに比べ幾分勝っていたものの予定されていた性能とはかけ離れたものでした。

ハッブル宇宙望遠鏡のピンぼけの原因は口径2.4m主鏡の検査方法に問題があったとされています。NASAはこの問題を詳細に調べ、100ページ以上の報告書にまとめています。これによれば、「作業の詳細についての記録が残っていないので様々な状況証拠によって推測することしかできないが、おそらく鏡面測定に使用された反射式ヌルコレクター部分のフィールドレンズの位置が1.3mm異なった位置にセットされたのが原因」とされています。本来は副鏡、主鏡ともに双曲面に仕上がっていなければならなかったのですが、これによって主鏡形状は周辺部の曲率が過度に成形され、全体としては球面収差のような—焦点が一点に集約しない—結果をもたらしたのです。

しかも、ハッブル宇宙望遠鏡の欠陥はこれだけではありませんでした。1990年には動力源である太陽電

ハッブル宇宙望遠鏡の打上げ
1990年04月24日、ハッブル宇宙望遠鏡はスペースシャトルミッションSTS-31で、スペースシャトルディスカバリーによって予定の軌道に運ばれました。

1993年に行われた第1回サービスミッション
望遠鏡の不具合を改善する補正光学系をインストールする宇宙飛行士のマズグレーヴとホフマン。

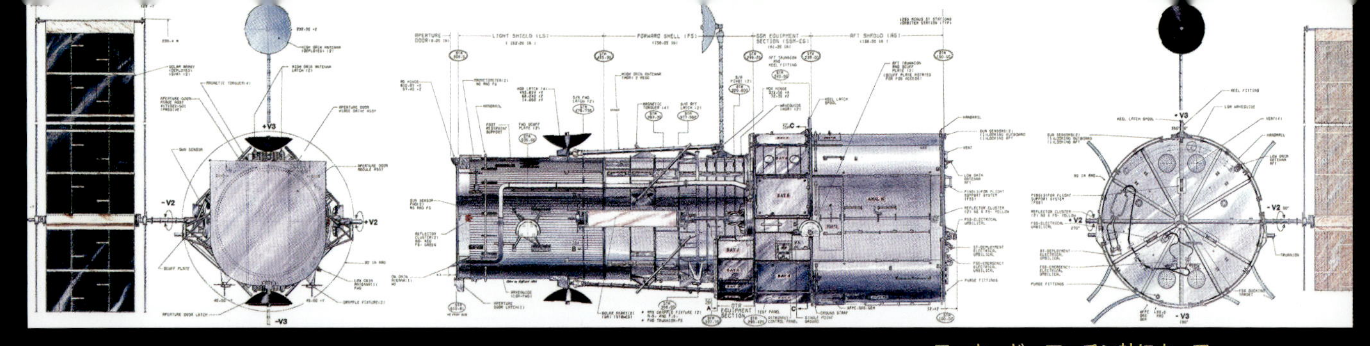

ロッキード・マーチン社によって
1981 年に作成された宇宙望遠鏡の外観図面
宇宙望遠鏡は 1986 年に 25 億ドルの巨費を投じて完成しました。

池パネルが外れそうになり、1991年には姿勢を制御するためのジャイロ2つと、データの記録装置が故障、1992年には再び記録装置が壊れ、磁気計も故障、1993年にはジャイロがさらに1つ故障し、センサーが壊れ、太陽電池パネルの出力が低下しました。

しかし、これほどの欠陥を抱えながらもハッブル宇宙望遠鏡の活躍はめざましいものがありました。1990年8月、鏡面の収差を補正するための画像改善ソフトが複数開発され、画像処理を施したハッブル宇宙望遠鏡の映像は見違えるほど素晴らしいものとなっていました。冥王星とその衛星カロンのクリアーなイメージを捉え、オリオン星雲内に原始惑星系円盤を捉え、M51と87の中心核にブラックホール存在の証拠を検出するなど、着々と成果を上げて行きました。

1993年12月2日、スペースシャトルによって行われた改修作業は6億ドルを投じたものでした。鏡面の収差を補正する装置が組み込まれたWFPC2（広視野惑星カメラ２）がインストールされ、他の観測装置のための光学補正装置COSTARも取り付けられました。。

1994年1月13日、修理後、初めての画像がハッブル宇宙望遠鏡から送られてきたとき、誰もが、ハッブル宇宙望遠鏡の実力に息をのみました。そのクリアーな映像は天文学者を喜ばせると同時に、一般の市民にもあたかも美しい芸術作品を見るかのような感動を与えました。それからのハッブル宇宙望遠鏡の活躍は、まさに「飛ぶ鳥を落とす勢い」といえるでしょう。

ハッブル宇宙望遠鏡は、当初、5年に1回、観測装置を新しいものに取り替えて行く計画になっていました。しかし、打ち上げの遅れと1993年の第1回のミッションでは修理が優先されたことから、初めての観測装置の交換は、1997年2月の第2回サービス・ミッションの時に行われました。新しく、紫外域から赤外域までの波長で観測が行える近赤外カメラ／多天体

改修前後の画像比較
M100（銀河）の中心部の画像です。左は収差が改修前の WFPC1 で撮影された画像、右は第一回サービスミッションで交換された WFPC2 で撮影された画像です。

befor

after

2009年5月に行われた最後のサービスミッション
HST SM-4でスペースシャトル・アトランティスに固定されるハッブル宇宙望遠鏡。ACSやバッテリーの交換が行われました。

スペクトル観測装置NICMOSが取り付けられました。残念ながら、NICMOSの3つのカメラのうち1個がピンぼけ状態となっていましたが新しい観測装置の威力は素晴らしく、それまでとはまるで違う惑星状星雲の内部の様子や散光星雲の内部の誕生したての星々などを捉えました。その後1999年に第3回サービスミッションが行われ、2002年の第4回サービスミッションでは強力なACS（掃天観測用高性能カメラ）カメラが装備されました。

その後、NASAはいったんハッブル宇宙望遠鏡の延命中止を発表しますが、次期宇宙望遠鏡の開発の遅れなどもあって、それに引き継ぐ2013年までの運用を決め、それに伴って2008年の第5回目のサービスミッションが決定されました。実際、このサービスミッションは2009年5月に行われ、運用期間も2014年に延ばされました。そして2015年、運用25周年を迎えてハッブル宇宙望遠鏡はなおも未踏の地平に挑み続けています。

HSTの主な出来事

- **1990年04月24日：スペースシャトルディスカバリーによって打ち上げられる。**
- **1993年12月：第1回サービスミッションでWFPCからWFPC2への交換、COSTAR（補正光学系）の取り付け、太陽電池パネルの交換などを行う。**
- **1997年02月：第2回サービスミッション。NICMOS（近赤外カメラ/多天体スペクトル観測装置）、STIS（宇宙望遠鏡画像スペクトル観測装置）の取り付けを行う。**
- **1999年11月：6台ある姿勢制御用ジャイロのうち4台目が故障、観測困難になる。**
- **1999年12月：第3回サービスミッション。全ジャイロの交換を行う。**
- **2002年03月1日：第4回サービスミッション。ACS（掃天用高性能カメラ）取り付け。太陽電池パネルを交換（発電効率が改善され、小型のパネルとなった）する。**
- **2003年01月16日：NASAは今後のサービスミッションを中止すると発表。**
- **2006年10月31日：NASAは5度目のサービスミッション実施を発表。ハッブル宇宙望遠鏡を2013年まで利用することが決定される。**
- **2007年02月19日：故障復旧を繰り返してきたACSが再度故障、主要機能が機能しなくなる。**
- **2009年5月11日：第5回目（最終）のサービスミッションを行う。WFPC2をWFC3へ交換、故障したACSとSTISの修理、COSの設置、ジャイロとバッテリーの交換,不要になったCOSTARの取り外しなどを行う。**

サービスミッションHST SM-3Bの終了後により高い軌道にリブートされたハッブル宇宙望遠鏡
太陽電池パネルが高効率の小型のものに代えられ、ハッブル宇宙望遠鏡の姿が一変しました。

ハッブル宇宙望遠鏡の性能

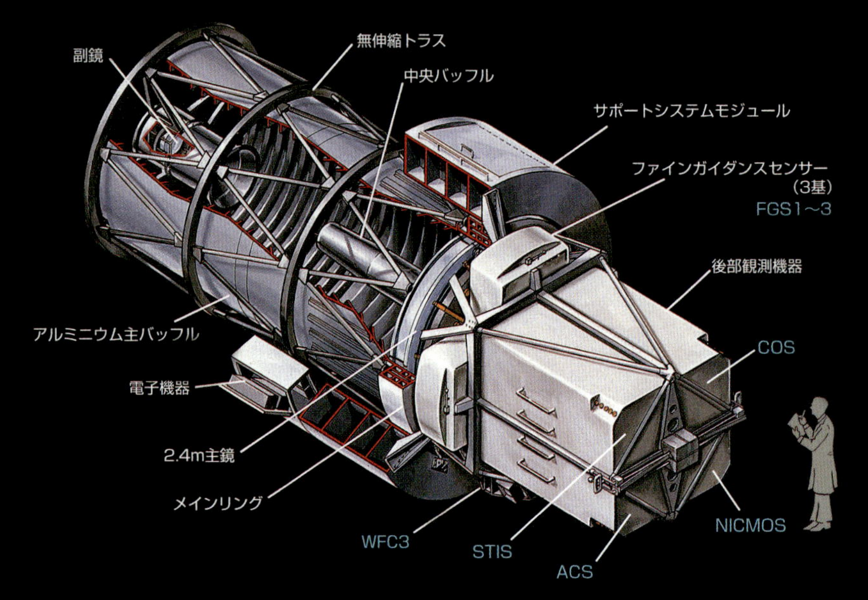

ハッブル宇宙望遠鏡の主要構造を示した図です。本体の主なスペックは次の通りです。

■本体性能

長さ	13.1 m
直径	4.27 m
重さ	11,000 kg
光学系	リッチークレチェン
主鏡	直径 2.4 m
副鏡	直径 0.3 m
焦点距離	57.6m(F24)
追尾精度	24 時間でズレは 0.005 秒角
波長領域	110 〜 11,00nm
軌道	高度 593 km 、赤道に対して 28.5 度の傾斜角をもつ
軌道周期	97 分
寿命	15 年（すでに 25 年が経過している）

ハッブル宇宙望遠鏡の光学系はリッチー・クレチエンで、主鏡と副鏡の2枚の反射鏡で構成されているシンプルなものです。両方とも鏡面の曲率は双曲面に作られており、球面収差とコマ収差が補正されフラットで広大な焦点面を形成します。ただし、打ち上げ後に主鏡面が設計通りの曲面に作られていなかったことが判明し、後に補正光学系を備えた観測機器が用意されました。主鏡の直径は2.4m、主鏡の前方4.9mにある直径30cmの副鏡に反射して主鏡の中心にある60cmの穴を通り抜けた後、観測装置や、天体を追尾するためのセンサーに導かれます。

ハッブル宇宙望遠鏡には、現在、6種類の観測装置が搭載されています。

その他のスペック

■鏡面コーティング：1万分の1mmのアルミニウムとマグネシウム・フローライト。有効波長110〜1100nm。

■安定した焦点：望遠鏡の主鏡と副鏡は、激しい温度変化によって距離が変化しないよう無膨張素材で連結されています。距離の変動は1/400mm以下です。

■電気効率：ハッブル宇宙望遠鏡搭載の観測装置はそれぞれが冷蔵庫サイズの大きさを持ち、１個々の消費電力は110〜150ワットに押さえられています。

■正確な導入：ハッブル宇宙望遠鏡の天体導入システムは、0.01arc秒の精度で天体に向くことが出来ます。その後、24時間、0.005arc秒の精度で天体を

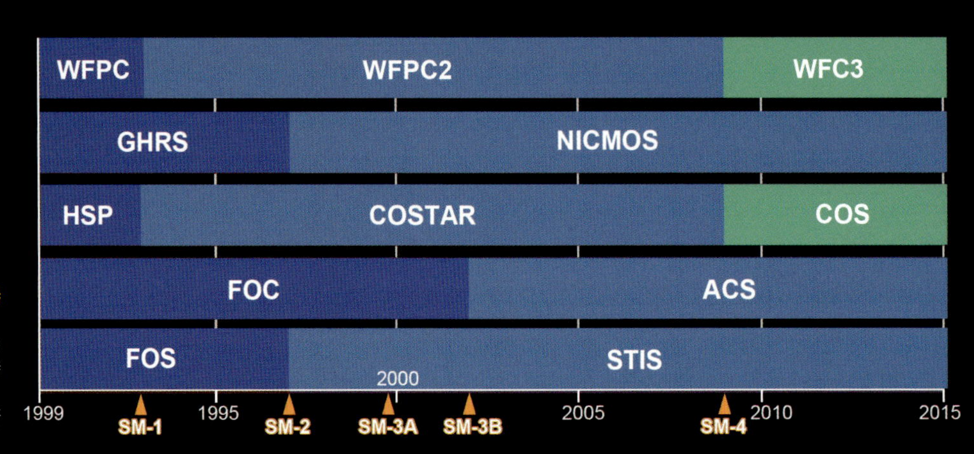

ハッブル宇宙望遠鏡の観測機器の履歴
オレンジ色の▲は、今まで行われたサービスミッションの時期と名前を示します。ACS は、サービスミッション SM-4 で新しいものに交換されています。

追尾し続けることが出来ます。

■時計のような動き：望遠鏡を90度回転させるには15分かかります。腕時計の長針の回転スピードと同じです。

■情報量：ハッブルによる写真、スペクトルの情報、明るさの測定は、1秒間に100万ビットのスピードで電気的な信号として地球へ送られます。

HST の分解能

大気のない宇宙空間で活躍するハッブル宇宙望遠鏡の最大の特徴はその高い解像度にあります。ハッブル宇宙望遠鏡は当初、主鏡の制作段階のミスから球面収差が明らかになり関係者を落胆させましたが、それを補正する光学系の導入で、口径2.4mの光学的理論限界までコンスタントに能力を発揮しています。

圧倒的な解像度は、その検出装置によって分解能の制約を受けます。

たとえば、2009年まで長期にわたって活躍してきたWFPC2は、3つのwide-field cameraと1つのplanetary cameraの4枚のCCDアレイから構成されており、それぞれの画素数は800×800ピクセルです。wide-field cameraの大型の3枚のCCDは、感度を高めるためにピクセルサイズは大きく、f/12.9の焦点で、1ピクセルあたり0.1秒角の分解能を持ちます。それより小型ながら画素数は等しいplanetary cameraは、f/30の焦点で、1ピクセルあたり0.043秒角の能力を発揮します。これは、約320km離れたところから野球ボールサイズのものを見分けることができる能力を意味し、2.4m口径の光学限界にほぼ等しい値です。現在活躍中のACSの最小解像度は0.025秒角、WFC3の分解能は0.04秒です。

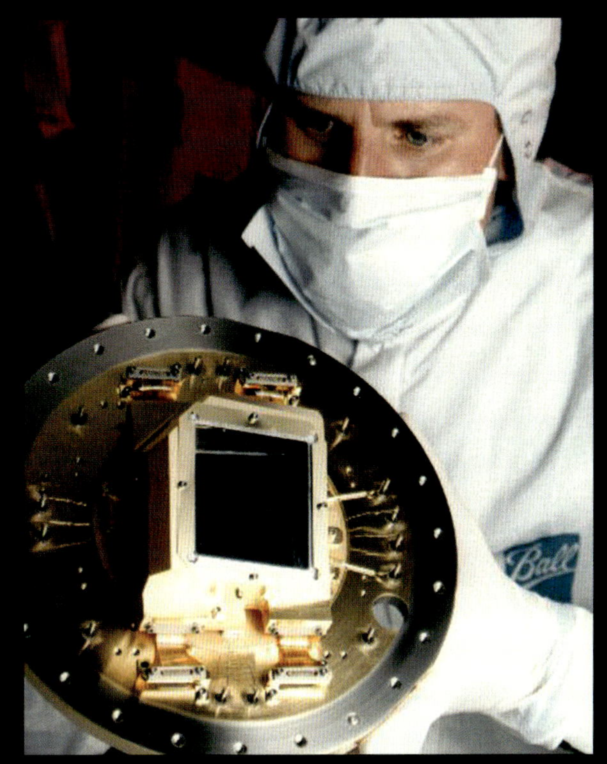

ACS(The Advanced Camera for Surveys) に組み込まれた Wide Field Camera 本体
画素サイズ 15 μ m2048x4096 画素の CCD が 2 列ならんでいます。

地上に設置された大型望遠鏡は、大気のゆらぎの制限を受け、条件の良い時でも分解能は0.3～0.5秒が限界です。大気のゆらぎを補正する波面補償光学系（AO）が実用化されても、コンスタントに0.1秒角を得るのは難しいようです。

宇宙望遠鏡の運用システムの概要

ハッブル宇宙望遠鏡は24時間体制で運用されています。

宇宙望遠鏡科学研究所（STScI）では、科学者から申し込みのあった観測計画の中から、ハッブル宇宙望遠鏡の観測に適した重要な観測が選出され、ハッブル宇宙望遠鏡の観測スケジュールが作られます。それらは、メリーランド州グリーンベルトにあるゴダード宇宙飛行センター（GSFC）に送られます。ここには、ハッブル宇宙望遠鏡をコントロールしている宇宙望遠鏡

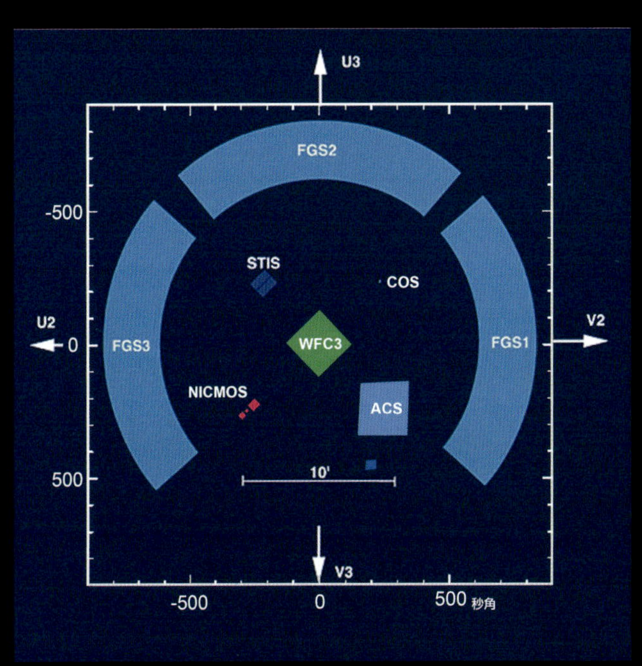

観測装置の焦点面レイアウト
現在使用されている焦点面における各観測装置の利用エリアを示しました。FGS は 3 個周囲を囲んでいます。NICMOS は波長の違う 3 つの異なった受光部からなり、ACS は 2 つの受光面があります。四角イメージエリアの画角は 30 分角に相当します。これは満月の直径に等しい大きさです。

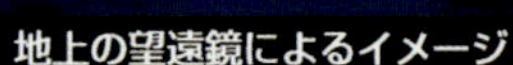

地上の望遠鏡によるイメージ

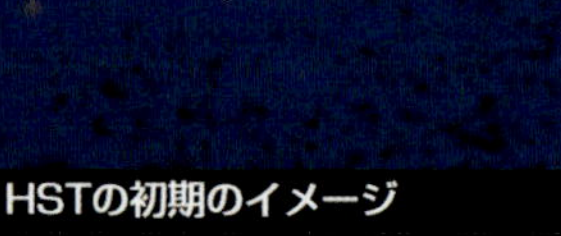

HSTの初期のイメージ

HSTの改修後のイメージ

ハッブル宇宙望遠鏡の解像度比較
地上の大望遠鏡、ハッブル宇宙望遠鏡の打ち上げ直後の球面収差が残っているときのWFPCの画像（画像復元ソフトで改善したもの）、そして補正光学系付きのWFPC2の画像です。

オペレーション・コントロール・センター（STOCC）があります

ハッブル宇宙望遠鏡との通信は、追跡データ・リレー衛星（TDRSS）を通して行われます。TDRSSは、現在、赤道上35680km上空にあるいくつかの静止衛星から成っています。それらは、S-bandとK-bandの周波数で通信できる直径4.9mのアンテナをそれぞれ2個づつ持っており、1秒間にほぼ100万ビットでハッブル宇宙望遠鏡のデータを収容する能力があります。ハッブル宇宙望遠鏡で撮影されたデータは通常いったん本体のメモリーに蓄えられてその後地上に送られます。画像が確認できるのは撮影してからおよそ1時間後になり、その後にカラー化や画像処理が施されます。取得された画像は研究者に渡されますが、通常一年後にはパブリックドメインとして一般に公開されます。

突発現象の観測などの特別な目的のためにリアルタイムでSTScIから制御することも可能ですが、スケジュール的になかなか困難です。そのような事例は年間50回未満にとどまっています。

HSTの現在の観測装置

■ACS（Advanced Camera for Surveys）
（掃天観測用高性能カメラ）

●Wide Field Channel (WFC)
観測波長：350～1050nm
CCD：2048×4096ピクセル×2枚
視野：202×202秒
解像度：21μm/ピクセル=0.028×0.025秒角

●High-Resolution Channel (HRC)
観測波長：200～1050nm
CCD：1024×1024ピクセル

ハッブル宇宙望遠鏡の実績
これは、ハッブル宇宙望遠鏡の活躍によって、「どれ程遠方の宇宙まで観測できるようになったか」言い換えれば「どれ程宇宙の過去の姿を見ることができるようになったか」を示しました。ジェームズ・ウェッブ宇宙望遠鏡（口径6.5mの赤外望遠鏡）はハッブル宇宙望遠鏡の次期宇宙望遠鏡として計画が進んでいるものです。

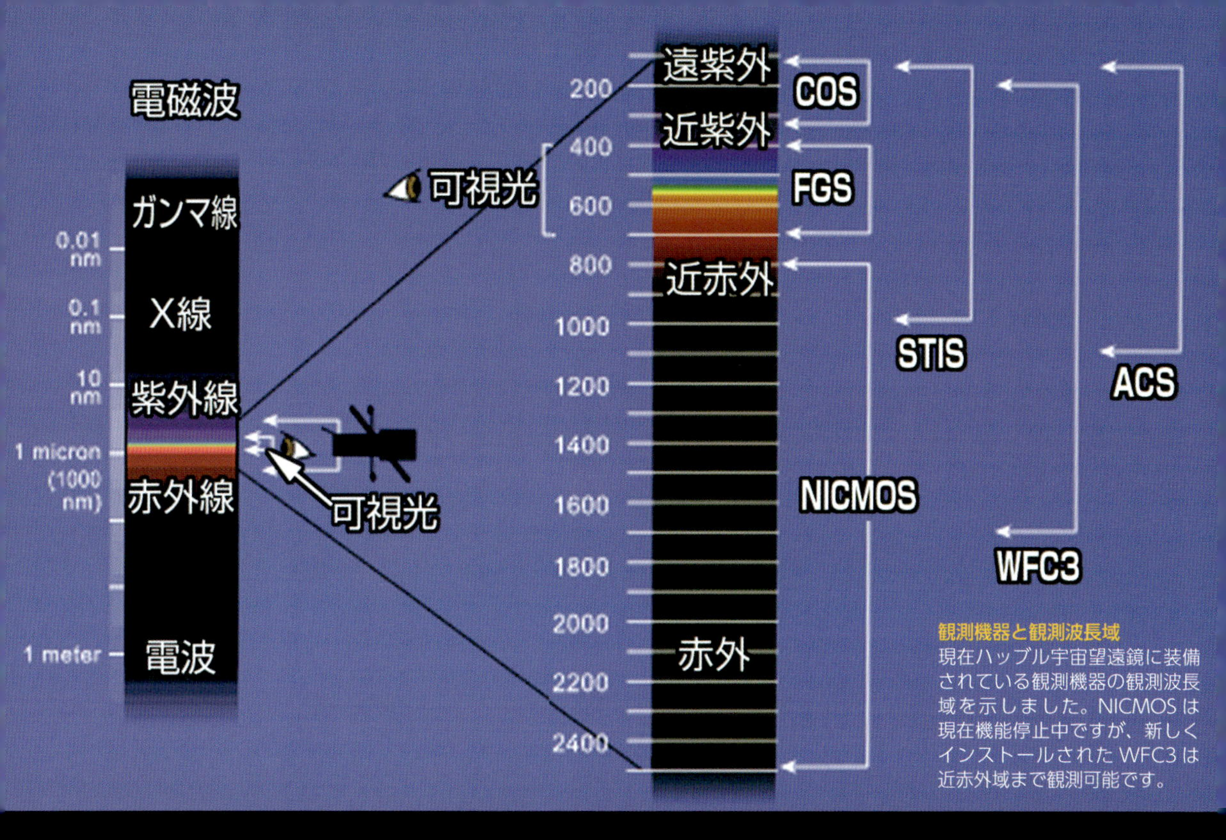

観測機器と観測波長域
現在ハッブル宇宙望遠鏡に装備されている観測機器の観測波長域を示しました。NICMOSは現在機能停止中ですが、新しくインストールされたWFC3は近赤外域まで観測可能です。

視野：29.1×26.1秒

解像度：15μm/ピクセル=0.05秒角

●Solar Blind Camera（SBC）

観測波長：115～180nm

CCD：1024×1024ピクセル×2枚

視野：34.59×30.8秒

解像度：25μm/ピクセル=0.033×0.030秒角

■WFC3（Wide Field Camera3）

●紫外線～可視光チャンネル (UVis)

観測波長：200～1000nm

画素数：4096×4096ピクセル（CCD）

解像度：0.04×0.04 秒角/ピクセル

画角：160×160秒

●近赤外チャンネル（IR）

観測波長：800～1700nm

画素数：1024×1024ピクセル（HgCdTアレイ）

解像度：0.12×0.14 秒角/ピクセル

画角：123×139 秒

■FGS (Fine Guidance Sensors)
精密ガイドセンサー）

観測波長：467～700nm

視野：60×60 秒角、5×5 秒角

3台のFGSを装備しています。2台は、観測天体を追尾するために使用されますが、0.005秒角という驚異的な精度で天体の相対的な位置を測定する事が出来るため3台目は恒星の位置観測などにも用いられます。

■COS(Cosmic Origins Spectrograph)
(超高感度紫外線スペクトログラフ)

先進的な超高感度の紫外域の分光計です。115～205nmの遠紫外チャンネルと170～230nmの近紫外チャンネルがあり、遠紫外のディテクターはXDLフォトンカウンティングデバイス、近赤外はSTISと同じMAMAマイクロチャンネルアレイが使用されています。近紫外チャンネルには2秒角と狭いながらもイメージング機能があります。

■STIS (Space Telescope Imaging Spectrograph)
(宇宙望遠鏡画像スペクトル観測装置)

観測波長：115～1000nm（1.0μm）

CCD：1024 ×1024 ピクセル

視野：MAMA-25×25 秒角、CCD-50×50 秒角

■NICMOS (Near Infrared Camera and Multi Object Spectrometer)（近赤外カメラ/多天体スペクトル観測装置)

観測波長：0.8～2.5 μm

撮像素子：256×256ピクセル

視野：11×11秒角、17.5 x 17.5 秒角、51.5 x 51.5 秒角

太陽系天体

SOLAR SYSTEM

太陽系は、太陽の周りを回る8個の惑星、5つの準惑星、たくさんの微小天体（彗星、小惑星、太陽系外縁天体）と、それらの周りを回る衛星などからできています。

惑星は、太陽に近い方から水星、金星、地球、火星、木星、土星、天王星、海王星で、それらは性質から大きく2つに分けられています。水星、金星、地球、火星は中心に鉄やニッケルからできた核を持ち、表面は硬い岩石からできていて、「地球型惑星」「岩石惑星」と呼ばれています。一方、木星、土星、天王星、海王星は大きくて、主に気体や液体の状態の水素とヘリウムからできているため「巨大ガス惑星」「木星型惑星」と呼ばれます。しかし、近年、天王星と海王星は氷成分が多いことから、別に「氷惑星」と呼ばれることがしばしばあります。

小惑星は主に岩石からできていて、太陽系外縁天体や彗星は氷を多く含んだ天体です。

金星 Venus

太陽から大きく離れることのない金星
限られたチャンスを利用して観測が行われる

金星は太陽系内の惑星の中で最も地球に接近します。地球とほぼ同じ大きさ、質量を持っていますが、表面は400度の高温で、そのまわりを二酸化炭素を主成分とした分厚い大気が覆っています。金星が地球とまったく異なる環境を持つようになったのは、地球より太陽に近いところにあるからだと考えられています。

金星の大気については謎が多く、無人探査機を使った観測に加えて、ハッブル宇宙望遠鏡を使っての観測も行われています。ただ、地球から見ると金星は太陽から47度以上離れる事はありません。ハッブル宇宙望遠鏡は太陽近くに向かないよう設定されていますから、約10ヶ月に一度、金星が太陽から45度以上離れた時をねらって観測が行われます。

金星の紫外線画像
ハッブル宇宙望遠鏡によって撮影された金星は、この画像、たった1枚しか公表されていません。1995年1月14日、太陽と金星の離角が約46度になったとき撮影されました。金星の雲は可視光では一様に見えますが、紫外線で見ると模様が浮かび上がります。

月 The Moon

遠方の天体を観測するために作られたハッブル宇宙望遠鏡が最も近い天体「月」に挑む

月は地球のまわりを回る衛星で、最も地球に近い天体です。直径は地球の約1/3、重さは約1/100と言う小さな天体で、引力は地球の1/6しかなく、表面には海も大気もありません。

月はもっともよく観測研究されている天体ですが、ハッブル宇宙望遠鏡を使っての観測はそれほど多くありません。月はハッブル宇宙望遠鏡にとっては明るすぎるため、当初、月から9度以内に向かないように設定されていましたが、1999年以降、月面の観測が行われるようになりました。ハッブル宇宙望遠鏡の最も大きな成果は、将来人類が月面で暮らす時、酸素を取り出すための資源として注目されている酸化チタンが月面に大量に存在することを発見したことでしょう。

撮影された場所
右ページに示したクレーターの位置を○で示しました。コペルニクス・クレーター、ティコ・クレーター共に月面でよく目立ちます。ハッブル宇宙望遠鏡の画角は狭いため、満月全体を撮影するには130枚の画像撮影が必要です。

コペルニクス・クレーターの拡大
月面で最も美しいと言われるコペルニクス・クレーターは10億年以上前に小惑星が衝突して形成されたと考えられています。直径約93kmのクレーターのほぼ半分が捉えられています。段丘のようなクレーターの壁の様子がよくわかります。この画像では、直径85mの地形まで見分けることが出来ます。

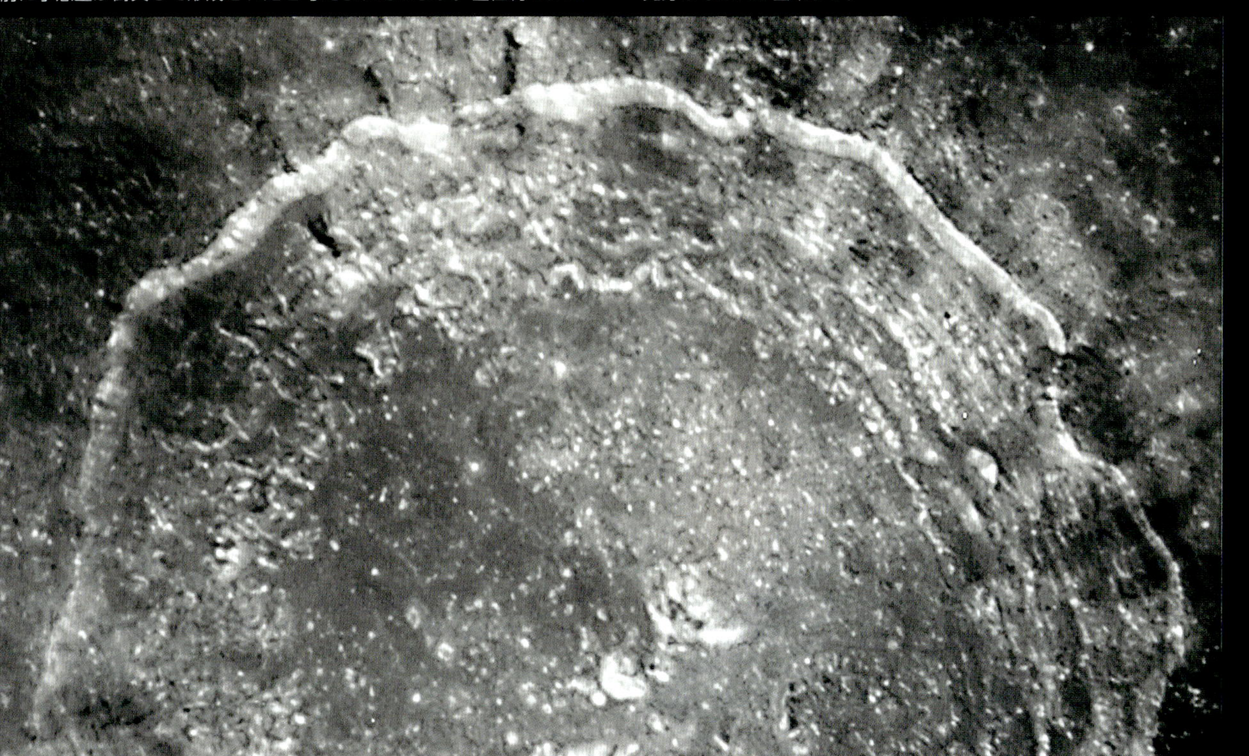

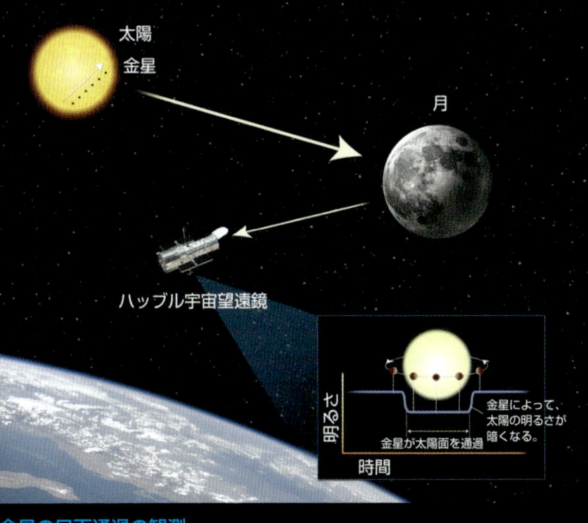

金星の日面通過の観測
他の恒星系の惑星が中心星の前面を通過する前後と、通過中を注意深く観測することによって、系外惑星の大気の成分を知ることが出来ます。いくつかの巨大ガス惑星では、この方法を用いて、すでに惑星大気の成分が測定されていましたが、それが地球サイズの小さな惑星にも適用できるかどうかテストが行われる事になりました。2012年、ちょうど金星が太陽面を通過する現象（金星の日面通過）が起こるため、これを観測して、その方法が有効かどうかを試すことになりました。ハッブル宇宙望遠鏡は直接太陽を観測できないため、月面を鏡として使い、金星の日面通過の時と、それ以前に月面で反射した太陽光を観測し、有効性を調べました。

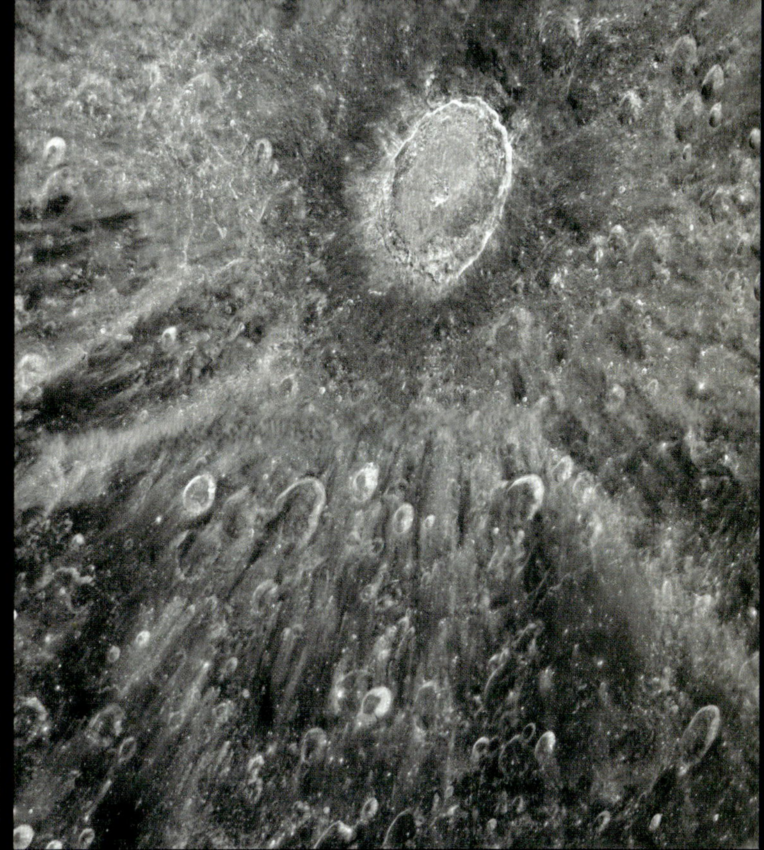

ティコ・クレーター付近
中央上の1番大きく見えているのがティコ・クレーターで、直径は約86kmあり、約1億年前に小惑星の直撃によって作られたと考えられています。2012年6月の金星の日面通過時の画像と比較するために2012年1月に撮影されました。

火星 Mars

火星の季節変化は地球よりダイナミックだ
ハッブル宇宙望遠鏡は長期にわたり
気象の変化を追いかけている

1995

1997

火星は地球によく似て、四季の変化があり、1日の長さもほぼ地球と同じです。しかし地球の半分の大きさしかなく大気が希薄なために季節変化はとてもダイナミックだといわれます。火星では、春や秋には北極から赤道を越えて南極、またはその逆方向に大気が循環し、強い風をもたらし砂嵐を発生させます。それは局地的なものから、時には火星全体を覆い何ヶ月も表面の様子を見ることが出来ないことさえあります。

ハッブル宇宙望遠鏡はこのような大気の動きを長期にわたって継続観測しています。

また、火星にこのような気象の変化があるため、無人探査機を火星軌道へ投入したり、軌道変更したり、軟着陸させる場合には、探査機の後方支援を行います。火星大気の塵の量などの気象条件は、探査機の着陸などに大きな影響を与えるため、ハッブル宇宙望遠鏡を使っての監視が重要なのです。

2007

2005

接近時の火星
火星は約2年2ヶ月ごとに地球に最も接近しますが、太陽の周りを回る地球の軌道がほぼ真円なのに対して、火星の軌道は少し楕円形をしているため、火星が軌道上のどの場所で地球に接近するかによって、2つの惑星間の距離が異なり、見える火星の大きさが異なります。また、両半球の見え方や季節の変化もあります。これは1995年～2007年の最接近の時に撮影されました。

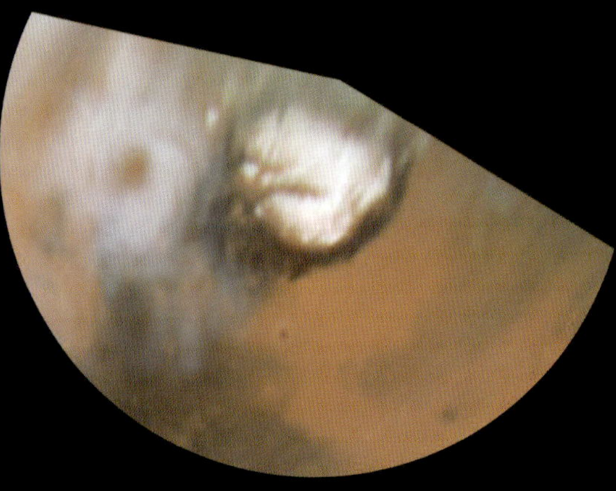

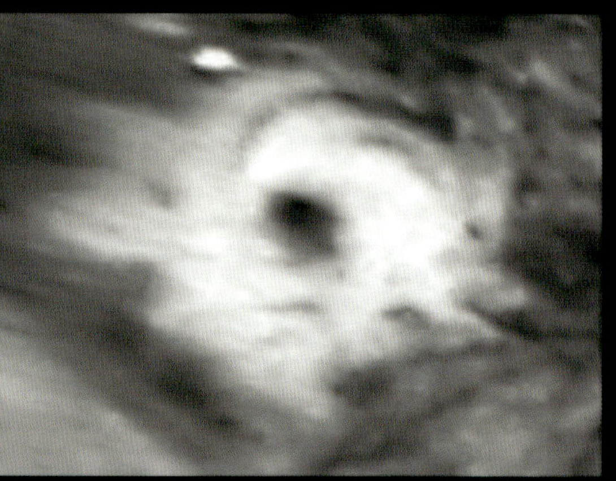

北極の嵐
1999年4月27日ハッブル宇宙望遠鏡は火星の北極（上）近くに発生した巨大な低気圧の嵐を捉えました。右上図は火星の北極上空から捉えた画像、右下図はコンピューターで画像処理を行い、嵐を真上から見た様子を再現したものです。

謎のプルーム
これは1997年5月17日にハッブル宇宙望遠鏡で撮影された画像で、光の当たっていない場所に青白い雲のようなもの(プルーム)が見えています（矢印）。この謎のプルームの正体は高々度に発生した雲、または、オーロラなのではないかと考えられています。ハッブル宇宙望遠鏡で撮影された画像やアマチュアの観測をチェックした結果、このようなプルームが何度か発生していることがわかりました。

火星の展開図
2007年12月18日の火星接近の1週間ほど前にハッブル宇宙望遠鏡を用いて撮影された数枚の火星の画像から作られた、火星の展開図です。上が北、下が南です。

サイディングスプリング彗星と火星
2014年10月20日、サイディングスプリング彗星が火星から約14万kmの距離を通過しました。これは、地球と月の間の距離の約1/3しかありません。ここに示した画像は、地上から撮影した星空、ハッブル宇宙望遠鏡で撮影した彗星、それとは別にハッブル宇宙望遠鏡で撮影した火星の画像を重ね合わせて作られました。地球から見た、彗星と火星の最接近時の様子を再現しています。

火星クローズアップ
この時、火星は地球から2.4億kmと遠く、火星の見かけの大きさは5.7秒角で、22ページの最も小さな火星の像が撮影されたときの半分以下の大きさしかありませんで

小惑星と彗星 Asteroids & Comets

**成分や軌道が異なることで分けられてきた
小惑星と彗星。
しかし、最近は分類しにくい天体が
発見されている**

小惑星はほとんどが岩石や金属で出来た小天体で、その多くは火星と木星軌道の間に存在しています。この領域を「小惑星帯」または「メインベルト」と呼んでいます。小惑星の多くは、太陽の周りをほぼ円形の軌道を描いてまわり、その軌道は黄道面上に集中しています。

メインベルトに存在する最大の天体は準惑星のセレスですが、それでも直径は約1000kmほどで、月の1/3くらいしかありません。小さいため、地上からの観測では表面の様子はほとんどわかりません。

ベスタと月の大きさ
小惑星の中で最も明るく見えるベスタは、ジャガイモのような形をした天体です。最も膨らんでいる赤道部の直径が約 580km で、月の直径の約 1/6 しかない小さな天体です。

ベスタ
ハッブル宇宙望遠鏡で撮影された画像では詳しい地形を見ることは出来ませんが、大小の窪地や標高の高い部分があることがわかります。南極（右下）には直径 500km 以上ある超巨大クレーターが発見されました。

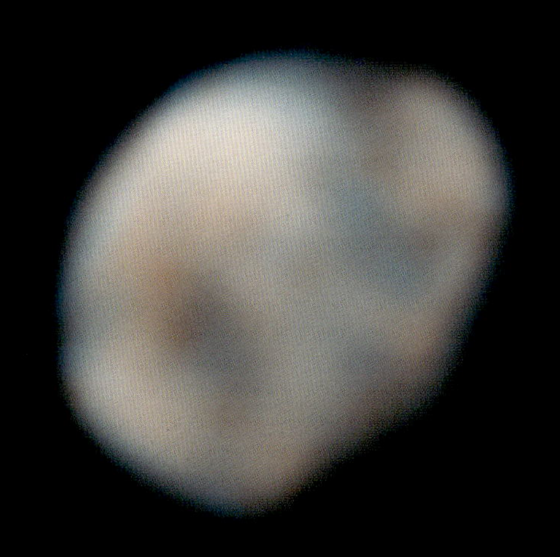

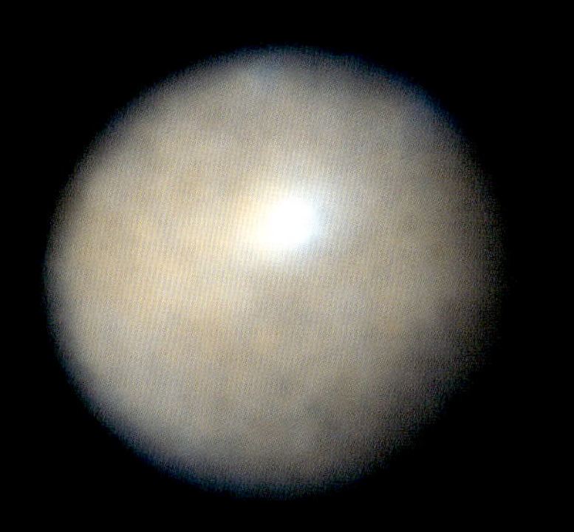

2003. 12. 30　15:46 UT

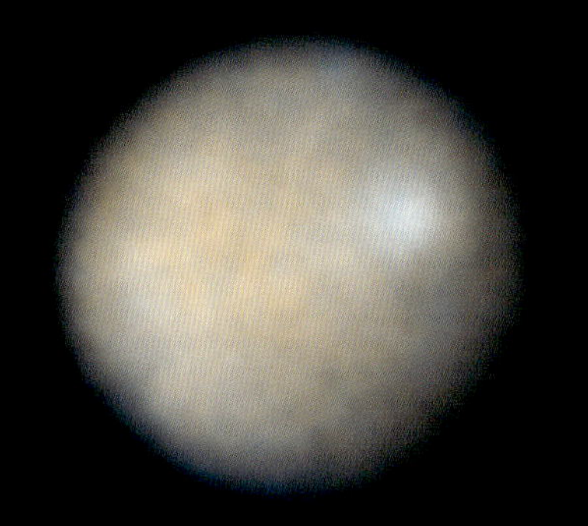

2003. 12. 30.　16:21 UT

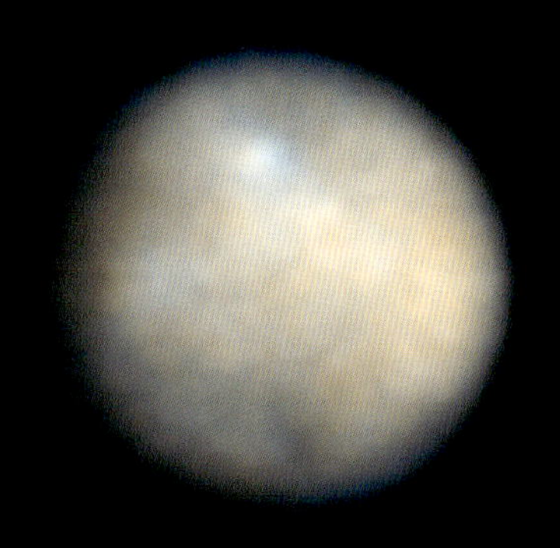

2004. 1. 23　23:40 UT

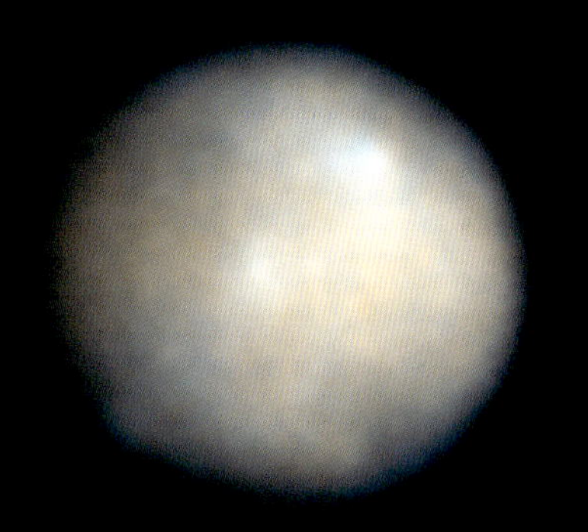

2004. 1. 24　00:15 UT

2004. 1. 24　02:52 UT

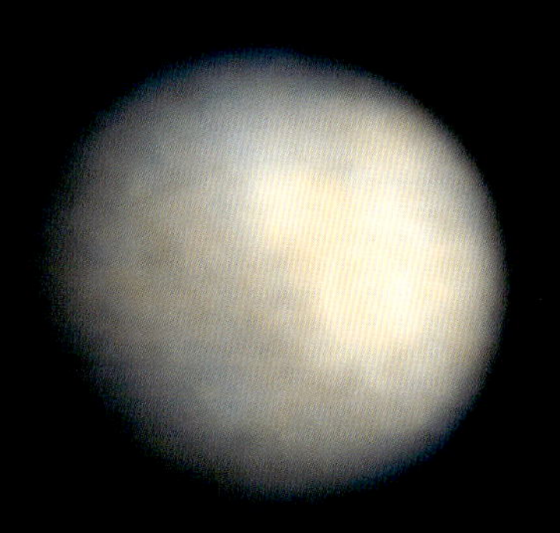

2004. 1. 24　03:27 UT

セレスの模様
約９時間で自転しており、回転によって表面の様子が変わってゆくのがわかります。明るく輝く白い領域、赤や青の色の強い領域があり、色の違いは表面を形成する物質の違いを示すと考えられています。

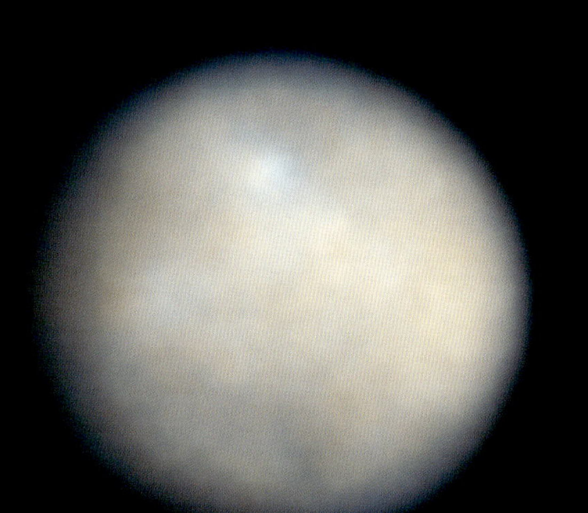

セレス
小惑星帯にある最も大きな天体で直径は 914km あります。小惑星帯の天体の中では唯一球形をした天体で、「準惑星」に分類されています。ただ、ベスタより地球から遠いため、ベスタの画像に比べるといくぶん不鮮明です。

セレスの内部構造

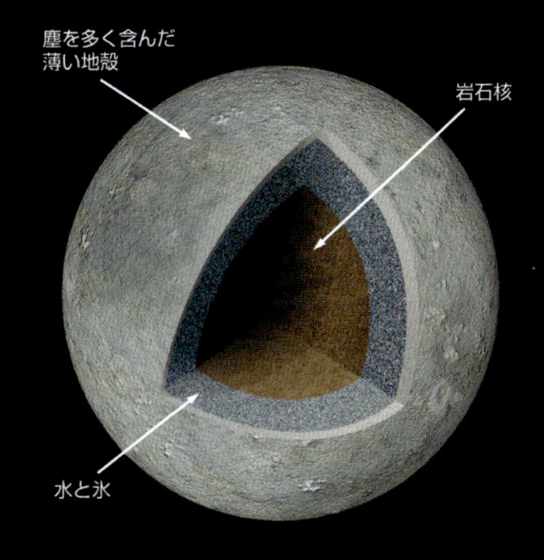

セレスの内部構造
セレスの内部は３つの層に分かれ、岩石で出来た中心核、水と氷で出来た層、塵を多く含んだ薄い地殻からできていると考えられています。

彗星のような小惑星

　小惑星と彗星は惑星に比べて小さく、微小天体と呼ばれています。小惑星はほぼ円軌道を持ち、岩石や金属から出来ているのに対して、彗星は氷成分を多く含み、ガスで出来たコマや尾が特徴で、細長い軌道を持つというのがこれまでのイメージでした。しかし、最近、両者の区別が以前考えられていたほど単純ではなく、外見、軌道、位置から、両者を見分けることは困難であることがわかってきました。

　そのきっかけは小惑星として発見されたものの、最近の観測精度の向上に伴って、実は非常にかすかなコマや尾を持っていることが判明した天体です。「彗星・小惑星遷移天体」あるいは「枯渇彗星核」と呼ばれ、何度も太陽に接近するうち揮発成分をほとんど失った彗星だと考えられています。メインベルト内にあって小惑星と同じような軌道を持つ「メインベルト彗星」も見つかりました。これらは最初からメインベルトに存在した氷天体だろうと考えられていいます。また、逆に、彗星のような塵の尾を持つ小惑星も見つかっています。これらは衝突、太陽風、高速な自転などの影響により表面から大量の塵が放出されているのではないかと考えられています。

P/2013 P5
2013年に発見された、メインベルトにある小惑星ですが、まるで彗星のように見えます。小天体の衝突によって、小惑星が遠心力で崩壊する寸前の速度で高速回転し、表面から細かい塵が放出されていると考えられています。

P/2010 A2
2010年1月6日に発見された天体で、当初、彗星と考えられましたが、後に、小惑星同士の衝突の残骸だと考えられるようになりました。光の点は小惑星の少し大きな破片で、尾は無数の微小な破片で出来ていると考えられています。これは天文学者が目撃した初めての小惑星の衝突です。

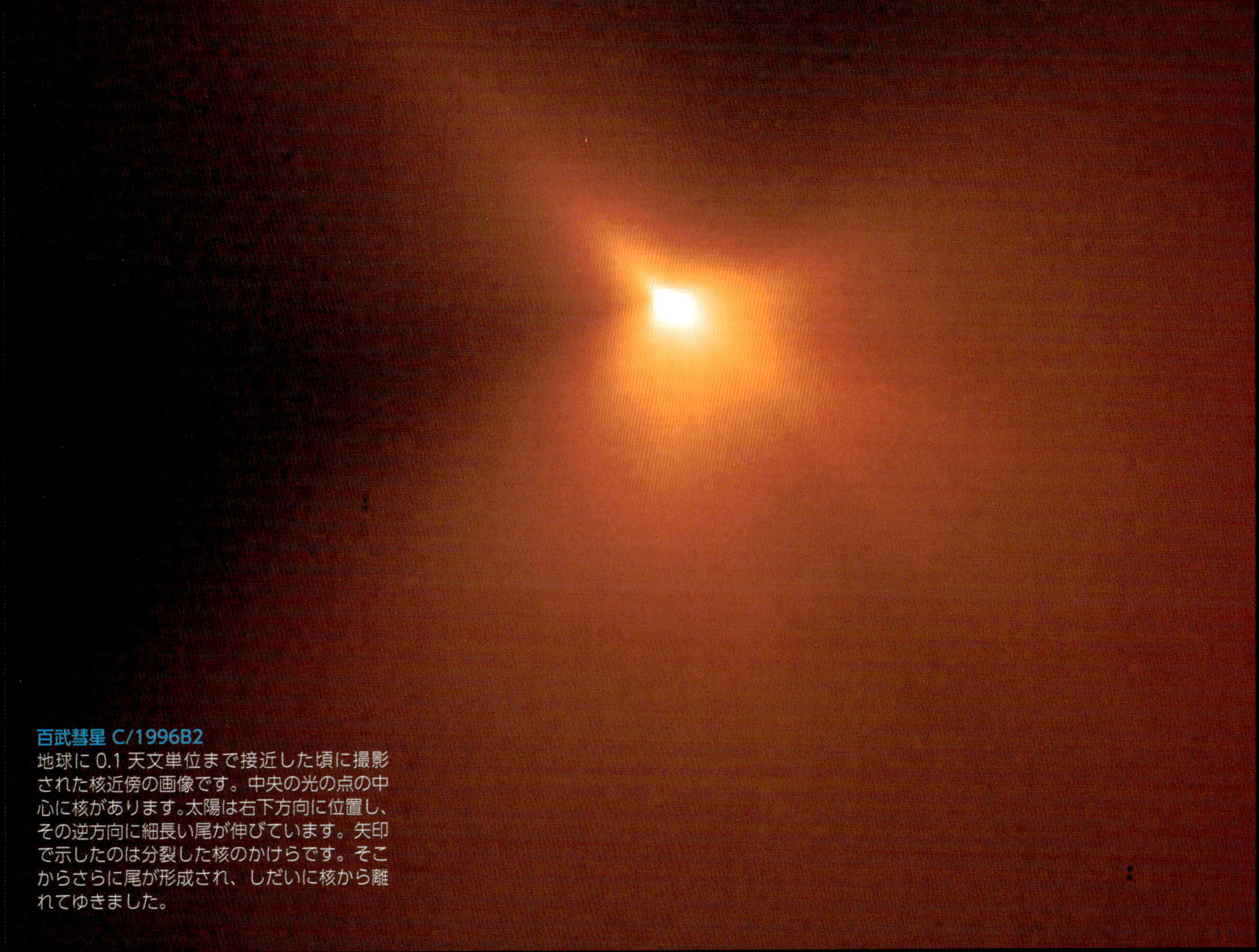

百武彗星 C/1996B2
地球に 0.1 天文単位まで接近した頃に撮影された核近傍の画像です。中央の光の点の中心に核があります。太陽は右下方向に位置し、その逆方向に細長い尾が伸びています。矢印で示したのは分裂した核のかけらです。そこからさらに尾が形成され、しだいに核から離れてゆきました。

シュワスマン・ワハマン第３彗星
この彗星の核は硬く凍った１個の塊ではなく、いくつかの塊がゆるく接合していたと思われます。2006年、太陽に接近し、核がバラバラに分裂した様子です。多数の破片それぞれが尾を形成していることがわかります。

テンペル第１彗星
彗星探査機ディープ・インパクトは「インパクター」と呼ばれる衝突体をテンペル第１彗星に打ち込みました。そして彗星内部から物質が噴出す様子をハッブル宇宙望遠鏡が捉えました。画像は、衝突３分前から衝突後19時間７分までに撮影されたものです。

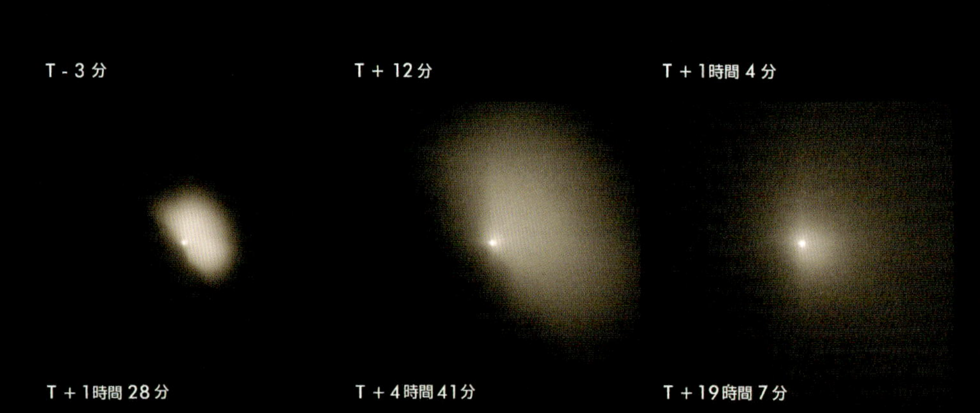

サイディング・スプリング彗星 C/2013 A1
３枚の画像は、彗星が地球から約６億 km、5.5 億 km、5.7 億 km の時に撮影されました。核そのものは画像には見えていませんが、核から噴き出す２筋のジェットが捉えられています。噴き出す方向が変わっていることから核が回転しているのがわかります。

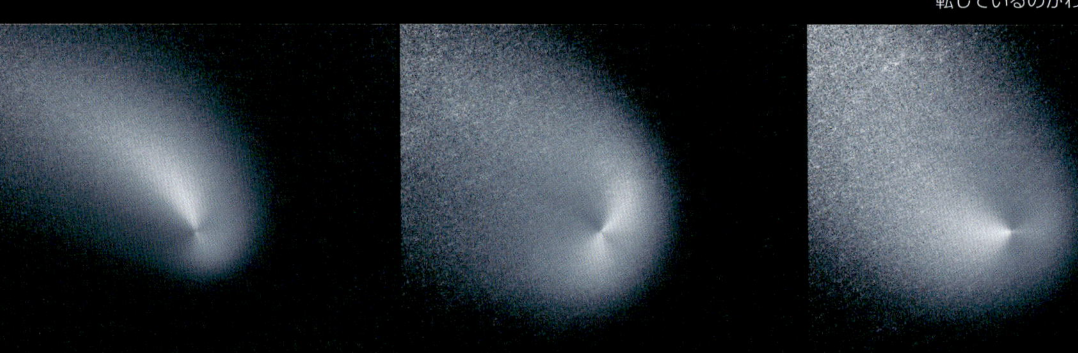

2013年10月29日　2014年1月21日　2014年3月11日

木星 Jupiter

太陽系最大の惑星「木星」
その激しく変化する雲を追う

木星は太陽系の惑星の中で最も巨大で質量の大きな惑星です。直径は地球の約11倍、重さは318倍あります。地球がほぼ岩石からできているのに対して、木星は約90%が水素から出来ていて、巨大ガス惑星と呼ばれます。

ハッブル宇宙望遠鏡は観測を開始した頃から、火星同様、木星の継続観測を行っています。

このような観測の中で、ハッブル宇宙望遠鏡は60年間も見え続けた3個並んだ白斑が1998年には2個が合体、2000年には残った2個が1つに合体したうえ、2005年には赤くなり始め「中赤斑」と呼ばれる形態に変化する様子を捉えました。また、2007年には赤道帯の色が濃くなり、攪乱の起きている様子を捉え、2009年暮れから2010年にかけて大赤斑付近の濃い色の縞が消失するという変化を克明に観測しています。

木星の変化
1994年、2007年、2009年、2010年に撮影された画像を見比べると、木星の雲の模様が大きく変化しているのがわかります。特に右下の2010年の画像では、特徴的な濃い縞模様（南赤道縞）が一本消えているのがわかります。このような大きな変化は10年から30年に一度の頻度で起きています。

1994年

2007年

2009年

2010年

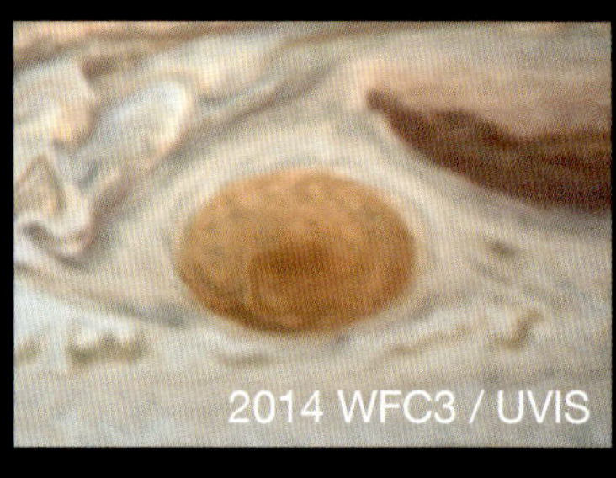

小さくなる大赤斑
大赤斑は木星表面で最も目立つ模様です。右は大赤斑の拡大像で、一番上は 1995 年に撮影されたもので直径は 21000km ありましたが、真ん中の 2009 年に撮影された画像では直径は 18000km でした。1 番下は 2014 年に撮影されたもので直径は 16000km まで小さくなっています。また、形が次第に丸くなっているのもわかります。

大赤斑

木星表面で最も目立つのが赤く巨大な楕円形の模様「大赤斑」でしょう。1664年に発見されて以来約350年間見え続けていますが、大きさや色の濃さは年々変化しています。発見当初は地球の3倍もの直径があった大赤斑ですが、徐々に収縮し、現在では地球1個分くらいの大きさしかありません。高気圧性の嵐で、反時計回りに約6日で1回転しています。中心部は周囲より高くもりあがっています。

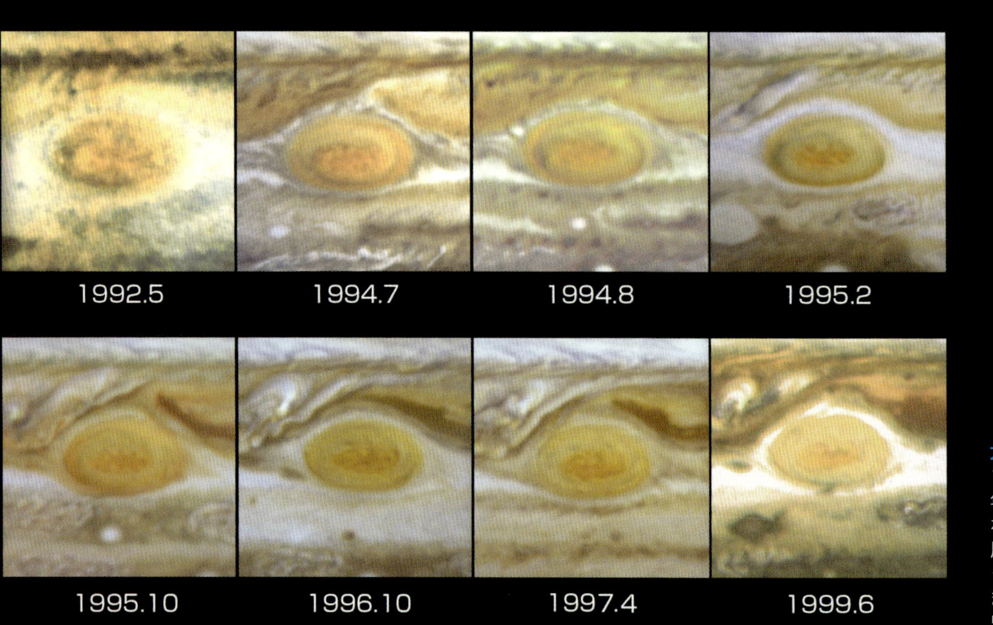

大赤斑周辺の雲
1992 年 5 月 から 1999 年 6 月までの間に撮影された大赤斑周辺の画像で、周囲の雲の様子が大きく違っているのが捉えられています。1992.5 は 1992 年 5 月を表しています。

メタンバンドで見た木星
木星大気はメタンガスを含んでおり、干渉フィルタ ーを使って、メタンで吸収される特別な波長（メタンバンド）を使って撮影すると、低い高度の雲は暗く見え、高々度にある雲は明るく輝いて見えます。これは、メタンバンドで撮影した画像と青から緑の波長で得られた画像を重ね合わせて作られた擬似カラー画像です。高気圧の嵐で周囲より高く盛り上がっている大赤斑と、高々度にかすみが発生している極地方が明るく見えています。

近赤外線で見た木星
いくつかの異なる波長の近赤外線を使って撮影した画像を重ね合わせて作られた擬似カラー画像です。黄色は高々度の雲、赤は低い高度の雲、青はより低い高度の雲を示しています。極付近の緑色は高々度に発生した薄いかすみの存在を示しています。右上方向にある小さな丸は衛星ガニメデで、中央やや上に見える白い小さな丸は衛星イオです。黒い３つの小さな丸は左から順に、ガニメデ、イオ、カリストの影です。

オーロラ

木星は地球以外で初めてオーロラが観測された天体です。地球のオーロラは、太陽からやってきた荷電粒子が地球の磁場と相互作用し、一部が磁力線にそって極地方に飛び込み、大気の粒子と衝突して輝きます。木星は地球の2万倍という強力な磁場を持っていて、地球と同じ仕組みでオーロラが発生していますが、木星の場合はそれだけでなく、衛星イオの火山から噴出する荷電粒子によってもオーロラが形成されていると考えられています。

木星のオーロラ
紫外線を使って撮影したオーロラの画像を可視光で撮影した木星像に重ねました。地球のオーロラは磁極を囲む楕円形の領域で出現し、この領域を「オーロラ・オーバル」と呼びます。木星にもオーロラ・オーバルが形成されているのがわかります。

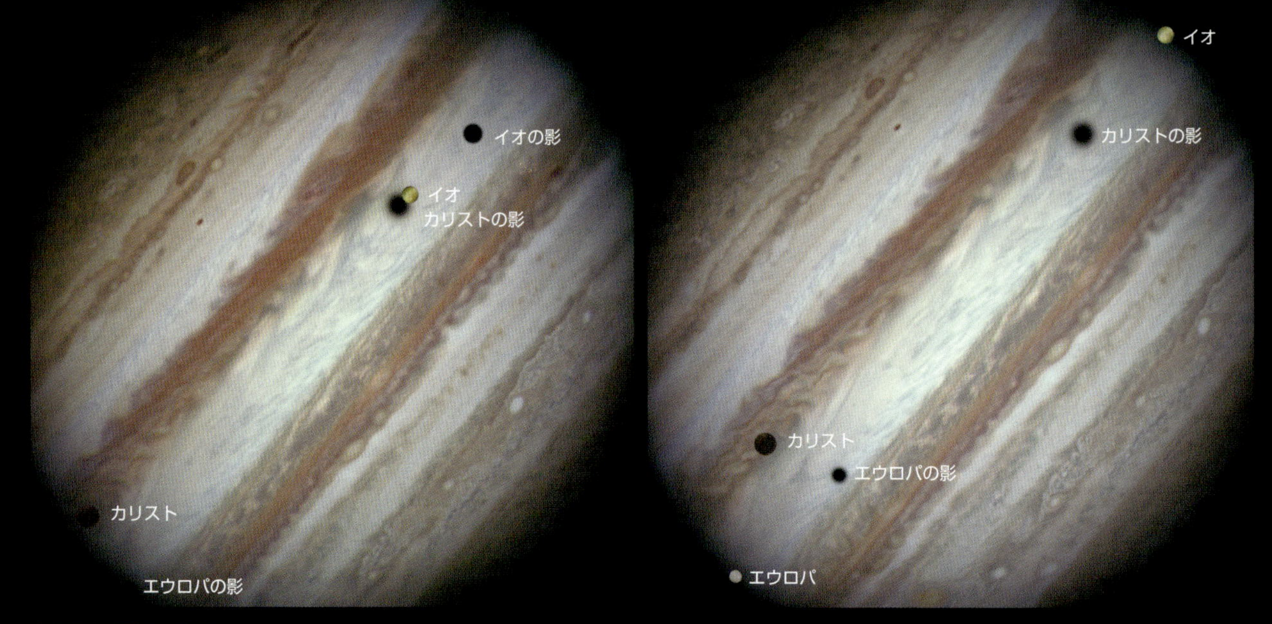

木星面を通過する衛星
木星の自転軸は公転面に垂直ではなく、わずかに傾いているため、木星が太陽を一周する間に２回、約６年ごとに赤道面が地球を向きます。この時、ガリレオ衛星がいくつも木星面に重なって見えたり、いくつもの衛星の影が見えます。画像は 2015 年 1 月 24 日に撮影されました。

衛星

木星には2015年現在、67個の衛星が見つかっています。大きさは直径1、2kmのひじょうに小さなものから、5300kmもある巨大なものまでさまざまです。

その中で最も大きな衛星が、イオ、エウロパ、ガニメデ、カリストの4つの衛星で、これらは「四大衛星」または、1610年に初めて木星に望遠鏡を向けた科学者ガリレオによって発見されたことから「ガリレオ衛星」と呼ばれています。地球からは双眼鏡でもその存在を確認出来ますが、表面の詳しい様子を見るのは大望遠鏡でもひじょうに困難です。ハッブル宇宙望遠鏡を使って得られる画像は、木星のまわりを周回しながら観測を行ったガリレオ探査機には及びませんが、長期にわたって観測を行える利点があります。

これまでに、イオの火山噴火によって地形が変化する様子を捉え、エウロパの表面からは間欠泉のように水が噴き出し、酸素を主成分とする希薄な大気が存在することを発見しました。また、ガニメデにオゾンを含んだ希薄な大気が存在することを発見しています。

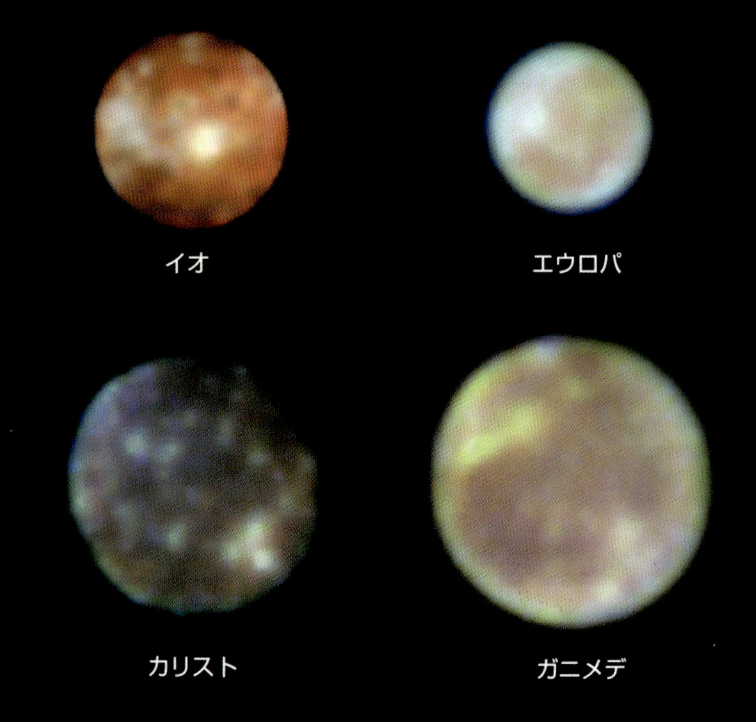

ガリレオ衛星
ハッブル宇宙望遠鏡を用いて撮影したイオ、エウロパ、カリスト、ガニメデです。色の違いから大まかな表面の模様がわかります。

衝突痕
木星の縞模様とほぼ並行に一列に並んだ黒い模様は、SL-9 彗星の破片が木星に衝突して形成された衝突痕です。最も大きなものは地球くらいの大きさがあります。左下の赤い楕円形の模様は大赤斑です。

シューメーカー・レビー第 9（SL-9）彗星の衝突

1993年、20数個の破片が数珠つなぎになった驚くべき姿で発見されたSL-9彗星は、翌1994年7月17日から22日にかけて、次々に木星に衝突しました。核の破片が木星大気に突入し、奥深いところで爆発した結果、上空まで立ち上った火の玉や、大気の下の方から物質が噴きあがって形成された「衝突痕」をハッブル宇宙望遠鏡は鮮明に捉えました。

その後もハッブル宇宙望遠鏡は半年以上にわたって衝突痕の観測を続け、上層大気の流れによって形を変え拡散してゆく様子を記録しました。これは木星の上層大気を知る貴重なデータとなりました。

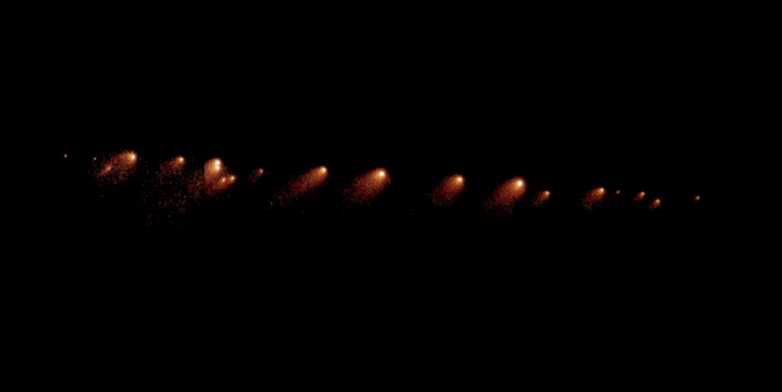

整列する核の破片
この画像は 1994 年 1 月 24 日、ハッブル宇宙望遠鏡によって撮影されたもので、3 枚の画像をつないで作られました。核の破片は整列して行進でもするかのように、ほぼ一列に並んでおり、進行方向前から順に（画像では右から左へ）、A 核、B 核、C 核…と名付けられました。SL-9 彗星はもともと直径 8km くらいありましたが、1992 年、木星に大接近した直後、木星の潮汐力によってバラバラに破壊されたと考えられています。

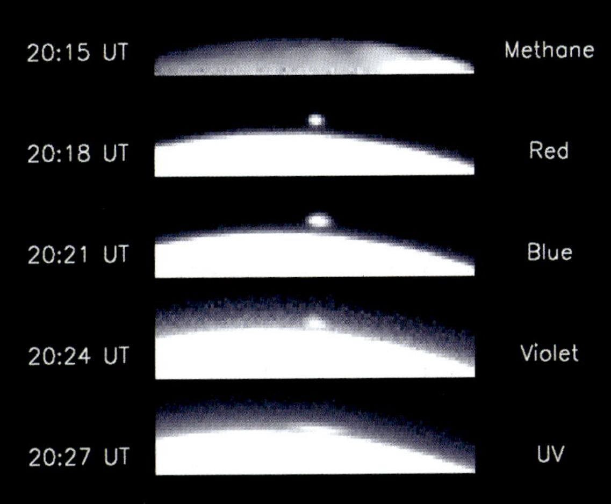

立ち上る火の玉
1994 年 7 月 17 日、SL-9 彗星の最初の破片（A 核）が木星の縁近くに衝突し、1000～1500km 上空まで立ち上る火の玉が出現しました。左の数字は時刻を表し、UT はグリニッジ世界時を意味します。日本時間に直すには 9 時間足す必要があります。

紫外線画像
下の方に見える大きな黒い模様が衝突痕です。この画像では可視光で撮影された画像に比べて、衝突痕がより大きく見えています。中央上の丸い真っ黒な点は衛星の影です。

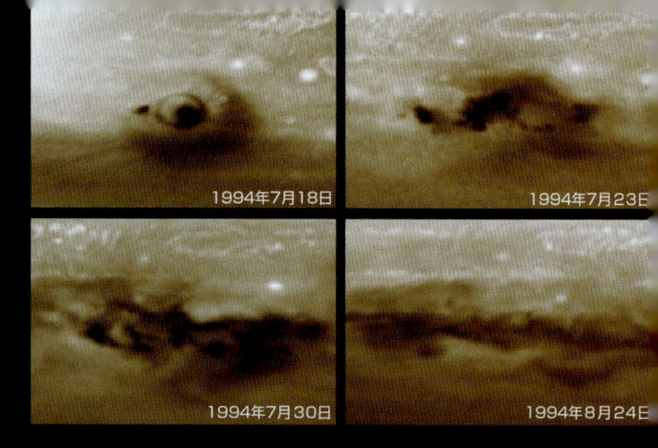

衝突痕の形の変化
木星大気の動きによって衝突痕の形が変化してゆく様子が捉えられています。左上の画像はG核の木星衝突から90分後に撮影されたもので、大きな目玉のような形とそれを囲む三日月形の模様がG核の衝突痕、そのすぐ左にある黒い小さな点はD核の衝突痕です。左上図は7月18日、右上図は7月23日、左下図は7月30日、右下図は8月24日に撮影されました。

他に記録された衝突痕

2009年の天体衝突
7月23日ハッブル宇宙望遠鏡によって撮影された画像で、白い四角で囲んだ所に見える黒い模様は7月19日に小惑星が衝突して出来た衝突痕です。右の拡大画像は、木星大気の動きによって、衝突痕がしだいに消えてゆく様子を捉えています。

SL-9彗星が木星に衝突したとき、このような現象は1000年に1度の大事件だと騒がれましたが、2009年、再び木星表面に衝突痕が観測され、2010年には木星面で2度の閃光が、2012年にも閃光が観測されました。

2009年の衝突痕は長さが約8000kmあり、これは直径約500mの小惑星が衝突したものだと考えられています。また、2010年、2012年の閃光の時には衝突痕は見つかりませんでしたが、2010年の場合は直径8～13m以下の小さな隕石の衝突であり、2012年の時は小さな彗星かとても小さな小惑星の衝突だったのではないかと考えられています。これらの事実は小天体の衝突が予想以上に頻発していることを示唆しています。

土星 Saturn

**美しい「土星」の環の傾きの変化を追い
時折発生する白い嵐を捉える**

土星の公転周期は約30年です。太陽系内の惑星の中では木星に次いで大きく、直径は地球の約9倍あります。体積は地球の764倍ですが、物質の中で一番軽い水素をたくさん含んでいるため、重さは95倍しかありません。土星の密度は1より小さく、水に浮く惑星なのです。

土星は巨大で密度が小さいながら、約10時間で1回自転しているため、遠心力で赤道方向が膨らみ、惑星の中では一番上下につぶれた形をしています。

しかし、土星の特徴はなんと言ってもその優美な姿の環です。

1990年の土星像
1990年4月24日に打ち上げられたハッブル宇宙望遠鏡は初めて撮影が行われたとき、焦点がずれているという重大な欠陥があることが判明しました。この画像は1990年8月26日に撮影された画像で、開発されたばかりの画像補正ソフトを使って処理されたものです。

2003年の土星像
2002年3月、新たにハッブル宇宙望遠鏡に搭載された高解像度カメラACSで撮影された土星です。かつて無人探査機ボイジャーが土星に接近して撮影した画像に匹敵するほどの素晴らしい解像度の画像です。画像下の方が土星の南極です。

環の変化

土星の姿はひじょうに美しく、小口径の望遠鏡を使っても、容易にその感動を味わうことが出来ます。

一見、環は1枚の板のようなものに見えますが、実は、たいへん細い環が集まってできています。そしてその細い環は、さらに無数の数μmから数十mの大きさの氷と岩のかたまりが集まって形作られています。

この土星の環は赤道上空にあります。土星は自転軸が傾いたまま太陽のまわりを回っているため、地球から見ると、環の北側が見えたり、真横から見えたり、南側が見えたりと、傾きが変わって見えます。環の幅は数十万kmもありますが、厚さはたった1kmくらいしかありませんので、環を真横から見ると、環が消えたように見えてしまいます。土星の環は約30年の周期で傾きを変えて見え、約15年に1度環が消えて見えます。

環の傾きの変化
地球から見ると土星の環は約 30 年の周期で傾きが変わって見えます。画像は左下から右上へ 1996 年、1997 年、1998 年、1999 年、2000 年に撮影された画像です。

土星の白斑
中央の白い模様は、1994年12月1日、ハッブル宇宙望遠鏡で撮影された「白斑」です。赤道付近に出現し、地球がまるまる1個飲み込まれてしまうほどの大きさがありますが、それでも約30年に1回出現する大白斑に比べると小さなものです。

大気の攪乱

土星は厚い大気に包まれていて、私たちが見ることが出来るのは、雲の一番外側の様子です。土星の雲には木星と同じく何本もの縞模様や大赤斑に似た渦が見られます。

しかし、土星に独特なのが、20年から30年に1度地球から観測できるほどの大きさになる白斑です。土星の北半球が夏至を迎える頃、赤道から中緯度のあたりの領域で発生し、数ヶ月から1年近くも見え続けます。これは巨大な嵐で、横に広がってゆき、土星を一周するものもあります。地球の雷雲に似て、上空に向かって噴き上がる暖かい空気が上空で冷やされて雲を形成しているのではないかと考えられています。

ハッブル宇宙望遠鏡を使って観測が行われるようになり、規模の小さい白斑はもっと頻繁に発生しては消失していることが明らかになりました。

1990年の白斑
9月下旬頃から数週間にわたって地上からの観測でも土星の赤道部を白く覆って見えた白斑をハッブル宇宙望遠鏡が捉えました。左は可視光、右は近赤外光を使って撮影した画像で、左は白斑がまだそれほど発達する前の8月26日、右は大きく発達していた11月9日に撮影されました。

土星のオーロラ

オーロラ
土星の南極領域に発生したオーロラで、紫外線で撮影されたオーロラの画像と可視光で撮影された土星の画像を合成して作られました。4日間にわたってオーロラが見え続けています。

土星の衛星
土星がほぼ真横を向く頃は、環の明るさに邪魔されず暗い衛星を捉えるチャンスです。上の画像では衛星タイタン、ミマス、ディオネ、ヤヌス、エンケラドゥスが捉えられています。下の画像は約 2 時間 15 分後に撮影されたもので衛星が右に移動しているのがわかります。

土星と衛星

土星には現在62個の衛星が見つかっていますが、直径が50km以上あるのはたった13個だけです。土星から遠い所にある衛星のほとんどは小さく、土星の軌道面に対して50度も傾いた軌道を持っていたり、土星の自転方向とは逆向きに回る「逆行衛星」だったりします。これらはもとは小惑星や太陽系外縁天体だったものが土星の引力に捕まって土星のまわりを回るようになったものだと考えられています。

土星の衛星の中で最も注目されているのがタイタンです。衛星の中では唯一濃い大気を持っています。ハッブル宇宙望遠鏡を使った観測で、タイタンが土星まわりを一周する公転周期と自転周期が同一であり、常に同じ面を土星に向けていることがわかりました。また。近赤外線で見ると、表面には明暗の模様があり、最も明るい場所は大陸と考えられていて、ザナドゥと名付けられています。

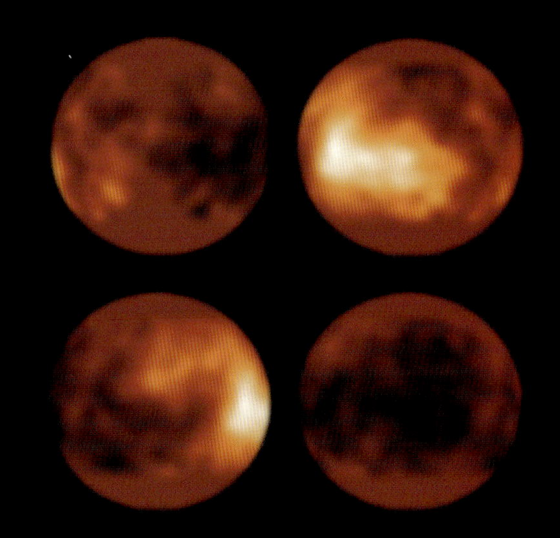

タイタン
1994 年 10 月 4 ～ 18 日、ハッブル宇宙望遠鏡を用いて近赤外線で捉えた土星最大の衛星タイタンです。タイタンの回転によってさまざまな部分が見えています。最も明るい場所が「ザナドゥ」で、大陸だろうと考えられています。オーストラリアと同じくらいの大きさです。

天王星 Uranus

季節の変わり目を迎え、安定した気候が崩れ次々に発生し始めた雲を追う

天王星は太陽から遠く、凍った水、メタン、アンモニアで出来た氷の惑星です。直径は地球の約4倍ですから、太陽系の惑星の中では中間的な大きさです。

しかし、天王星はとても変わっていて、自転軸が公転軸に対してほぼ100度傾いたまま、つまり横倒しの状態で、84年かかって太陽の回りを1公転しています。そのため、天王星では、1回太陽のまわりを回る間に、太陽が長期間北極の真上から照りつけたり、赤道上空で輝いたり、南極の真上で輝いたりします。

2005

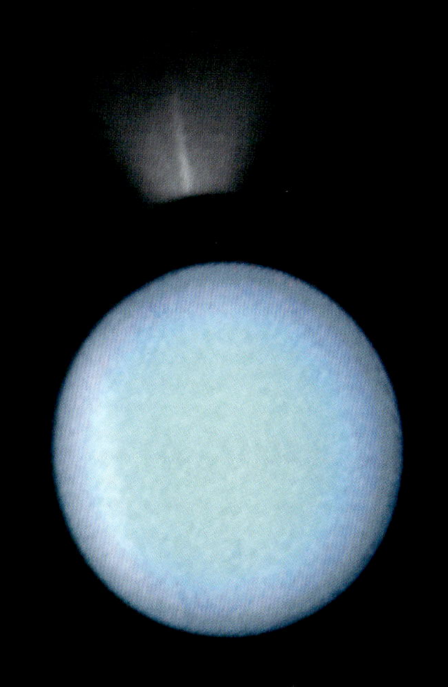

2007

天王星の向きの変化
天王星は赤道上空に環を持っていますから、環の傾きから、天王星の向きが徐々に変わっているのがわかります。天王星の環は42年ごとに真横を向きます。2007年、ハッブル宇宙望遠鏡により、人類は初めてその姿を見ることが出来ました。

2011年11月16日

2011年11月29日

オーロラ
白く輝く点が天王星のオーロラで、磁極で光っていると考えられています。地球や木星、土星のオーロラがドーナッツ状の領域で輝くのとだいぶ様子が違います。オーロラは紫外線で撮影されたもので、可視光で捉えた天王星本体、赤外線で撮影した環の画像と合成しています。環の近くでオーロラが出現していることから、天王星の磁極が自転軸から大きくずれ、赤道近くにあることがわかります。

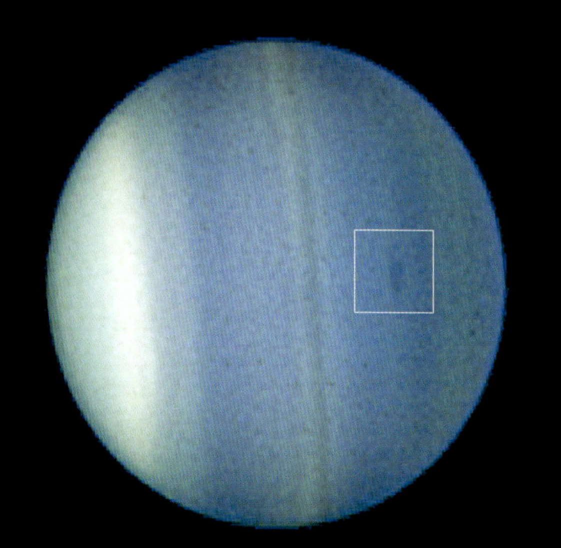

天王星の暗斑
2006年8月23日に撮影された天王星で、画像左が南極、右が北極になります。四角で囲んだ場所に黒い楕円形の模様が見えます。右図はその拡大像です。これは海王星に観測される暗斑と同じ種類のものだと考えられています。天王星の赤道上空から太陽光がさすようになり、天王星の大気の活動が活発化してきていることを示すものかも知れません。

海王星 Neptune

太陽から遠く離れていながら
短期間で変わる海王星の気候
その謎に挑む

海王星は約165年かかって太陽のまわりを公転していて、大きさも重さも氷惑星である点でも天王星とよく似ています。赤道上空には細く暗いながら環も存在しています。

私たちが目にする海王星の詳細な画像は、1989年、無人探査機ボイジャー２号が高速で海王星を通過しながら撮影したものです。ハッブル宇宙望遠鏡によってえられる画像はそれに比べると、ひじょうに距離があるために分解能は劣るものの、継続観測によっていくつもの発見をもたらしています。海王星表面で最も目立つ暗い楕円形の模様「大暗斑」がメタンの雲に開いた穴であることや、暗斑が出現と消失をくり返していること、海王星の雲に季節変化があるらしいことを発見しました。海王星が太陽から受け取る熱量は地球の1000分の１しかなく、雲の変化は海王星内部から放出される熱によるものだと考えられてきましたから、この観測結果は大きな驚きをもたらしました。

天王星と海王星
上は可視光、下は赤外線を使って撮影しました。可視光では２惑星はほとんど同じに見えますが、赤外線では、天王星が横倒しになっていて、海王星に比べると様相が大きく異なっていることがわかります。

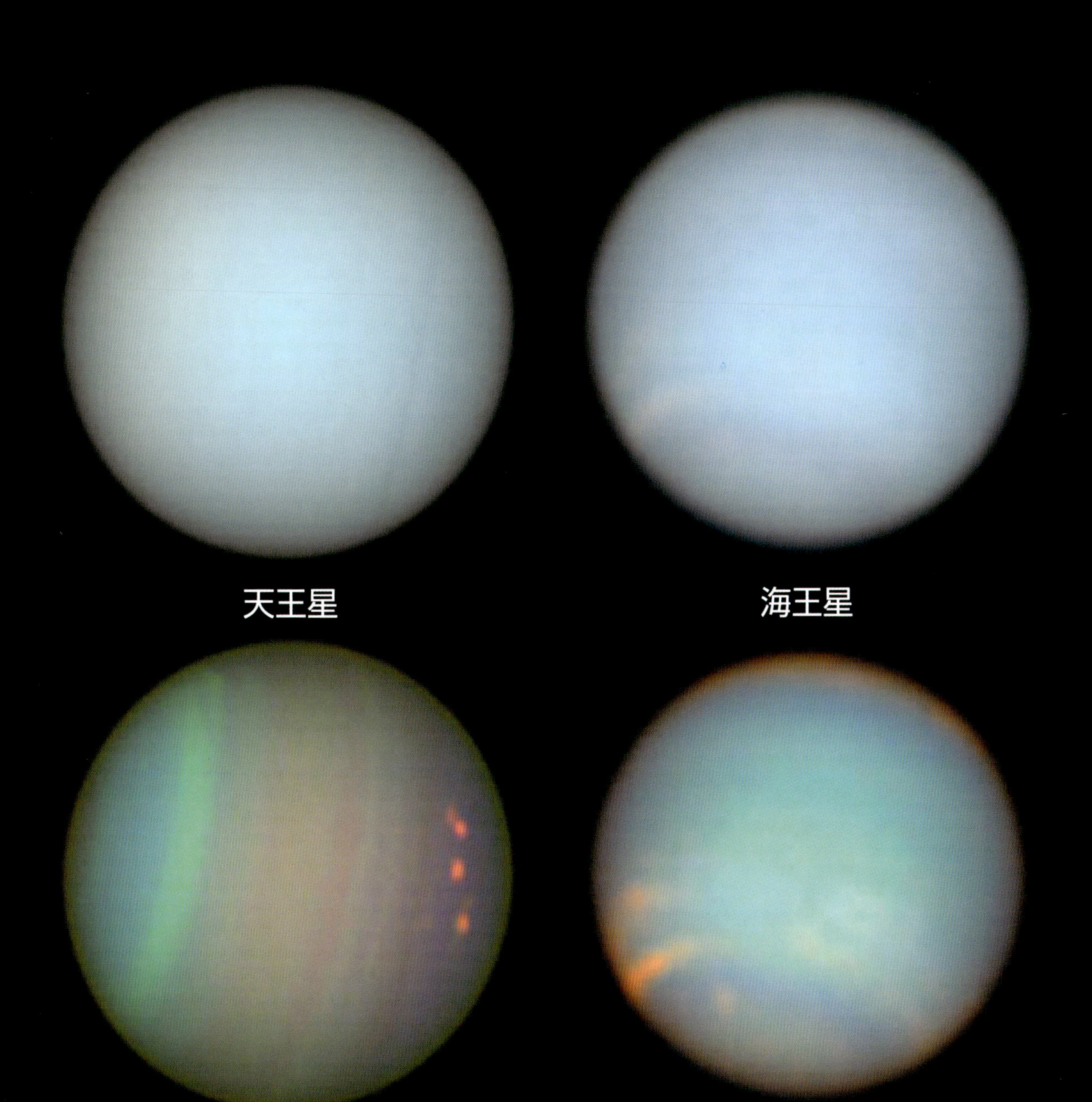

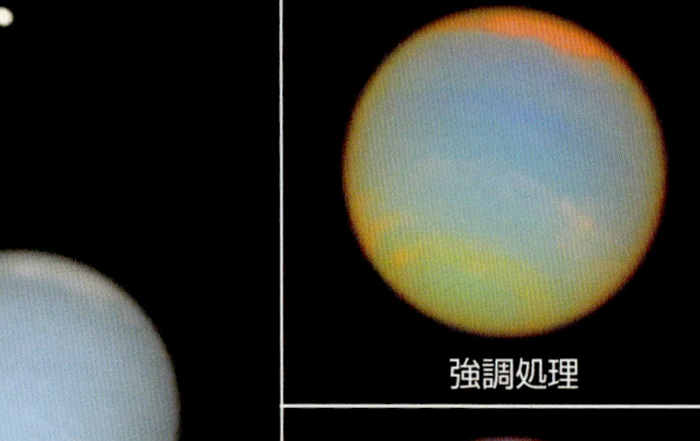

強調処理

海王星と衛星

メタンバンド

海王星の色
左の画像は海王星の実際の色を表しています。周囲に見える4個の小点は衛星で、海王星の上に見えるのがプロテウス、左に離れているのがガラテア、海王星のすぐ左がデスピーナ、右下がラリッサです。右上の画像はコントラストを高くするよう処理したもの、右下はメタンの光だけを通すフィルターを使って撮影したもので、海王星を覆うメタンの雲の様子が克明に見えています。

季節変化
写真は1996年から2002年に撮影された海王星です。左から右へ90度ずつ回転した様子が捉えられています。太陽に向いた南半球（上方向）の雲が増加しており、季節変化によるものと考えられています。

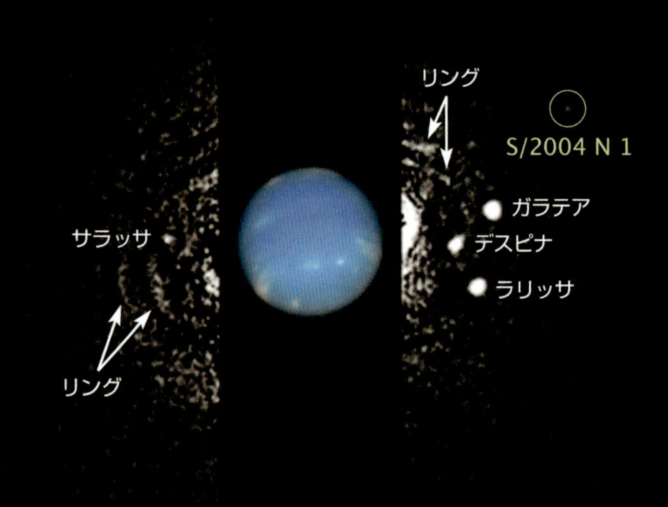

新衛星発見
2004年～2009年の間にハッブル宇宙望遠鏡によって撮影された150枚の画像を調べたところ、新衛星が発見され、S/2004 N 1と番号がつけられました。直径はわずか20kmほどだと考えられています。海王星本体の強い光をブロックして撮影された環と衛星の画像に、海王星本体の画像を重ね合わせたものです。丸で囲んだのが新衛星です。

冥王星と外縁天体 Pluto & Trans-Neptunian Objects

太陽系の最も外側にある微小天体
遠く小さいため詳しいことは何もわからない

冥王星

冥王星は20世紀初めに発見されて以来「惑星」に分類されていましたが、2006年に「準惑星」となりました。

カイパーベルト天体の1つで、地球の月くらいの大きさしかありません。ハッブル宇宙望遠鏡による観測は、表面に明暗の模様があり季節変化が起きていることや衛星カロンにも模様があること、直径100km以下の小衛星を4個発見しました。

冥王星とカロン
1995年ハッブル宇宙望遠鏡を使って初めて捉えられた冥王星（左）と衛星カロン（右）です。カロンは冥王星の約半分の直径を持ち、2つは約2万kmしか離れていません。冥王星の自転周期、カロンの自転周期、カロンの公転周期がすべて等しいため、カロンと冥王星はいつも同じ面を向けあっています。

冥王星と衛星
冥王星と5つの衛星の姿です。カロンは1978年に発見された冥王星の約半分の大きさを持つ衛星です。他の4つはハッブル宇宙望遠鏡によって発見されたもので、直径は100kmありません。

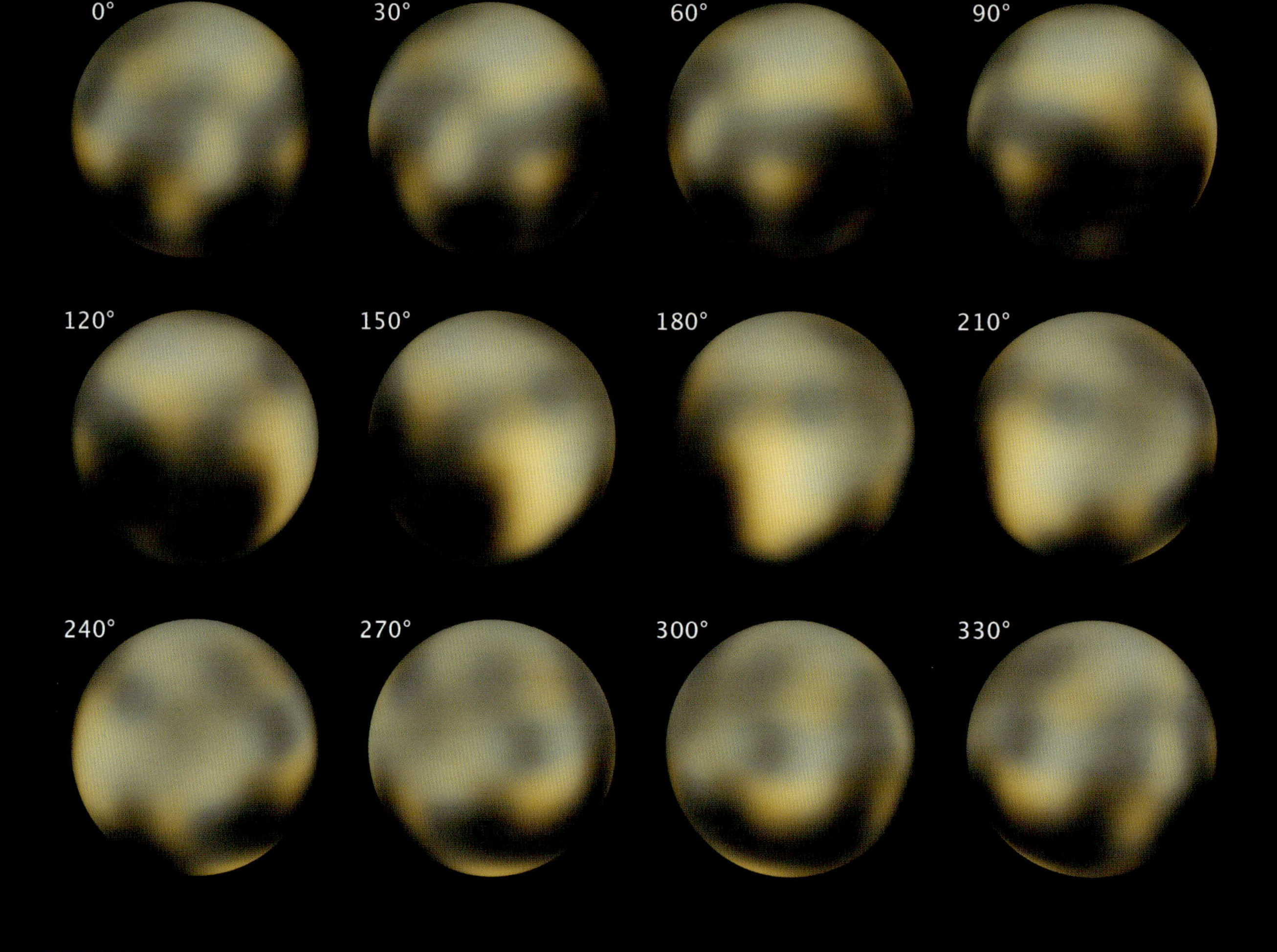

冥王星表面
ハッブル宇宙望遠鏡で冥王星の自転の様子を捉えました。自転周期は約６日と９時間です。明暗の模様が見つかりました。2015 年７月 14 日に探査機「ニュー・ホライズンズ」が冥王星に最接近し、表面の詳細な様子を捉えることに成功しました。

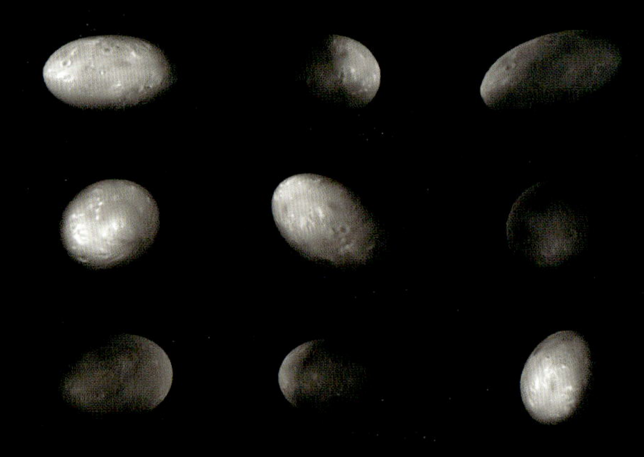

ニクスの自転
ニクスは 56.3km × 25.7km のとても小さな衛星で、細長いジャガイモのような形をしています。冥王星から約５万 km 離れた所を、約 25 日で一周していますが、カロンのようにいつも同じ面を冥王星に向けているのではなく、とても複雑に回転し、さまざまな形に見えます。

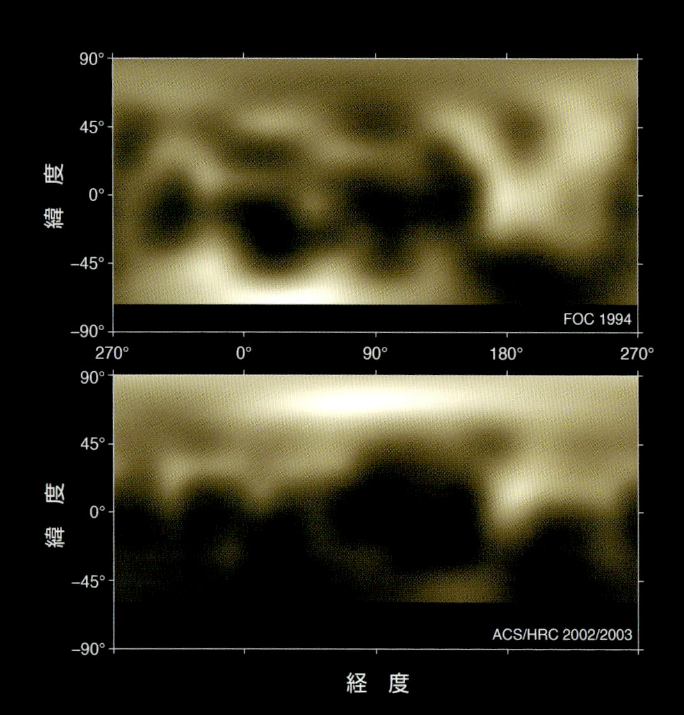

冥王星の季節変化
上は 1994 年に撮影された冥王星表面、下は 2002 年６月から 2003 年６月にかけて撮影されたものです。北極地方が明るくなり南極は暗く変化しています。北半球に夏が訪れたことによるものと考えられています。

1998 WW31
カイパーベルト天体の1つで、直径約150kmと130kmのほぼ同じ大きさの2つの天体が約570日の周期でお互いの周りを回っています。カイパーベルト天体の約1%がこのような二重天体であることがわかっています。星空の中を移動する様子をとらえました。

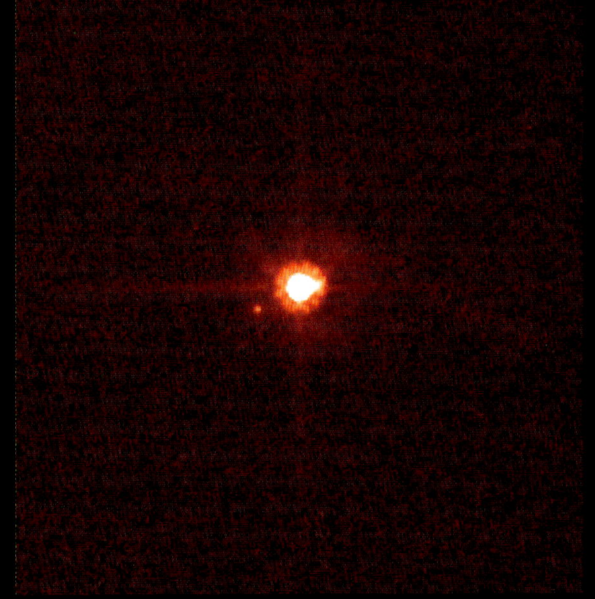

エリスとディスノミア
エリスは散乱円盤天体の1つで、太陽から最も遠ざかったときには、海王星より3倍も太陽から遠い所（97.6天文単位）に位置します。直径は約2300kmで冥王星とほぼ同じ大きさで、準惑星に分類されます。左の小さな光点は衛星ディスノミアで、直径約350kmです。

セドナから見た空
太陽から約130億kmの距離にあるセドナから見た太陽方向です。太陽は地球から見たときの40万分の1の明るさしか無く、特別に明るい光の点にしか見えません（イラスト）。

セドナ
セドナの直径は1600km以下で、ハッブル宇宙望遠鏡を持ってしても点にしか見えません。明るさの変化からセドナは20～50日周期で自転していると考えられています。

系外惑星
EXTRASOLAR PLANET

昔、人々は自分達の住んでいる場所が世界の中心だと考えていました。しかし、時と共にその世界は広がり、やがて地球が宇宙の中心になり、その後、太陽が宇宙の中心だと考えられるようになりました。20世紀になると、太陽が銀河系の辺境にある平凡な星に過ぎないことがわかり、さらに、銀河系は広大の宇宙に点在する無数の銀河の1つに過ぎないことが認識されるようになると、太陽系のような存在は宇宙ではそれほど珍しくないのではないかと考えられるようになりました。そして、太陽系外の惑星探しが始まりました。

しかし、太陽系外の小さな惑星を発見するにはとても精度の高い観測技術が必要なため、当初は非常に困難なことだと考えられました。1940年代から捜索が開始されましたが、最初の太陽系外惑星が 発見されたのは約50年後の1992年になってからでした。以来、続々と系外惑星が発見されており、2015年現在、その数は2000個近くに達しています。

初めて太陽系外惑星を発見したのは地上の巨大望遠鏡でしたが、その後、ハッブル宇宙望遠鏡でいくつもの惑星が検出されると共に、その卓越した能力を生かして、系外惑星の大気の成分や温度などの物理量の検出に成功しています。惑星大気の組成を調べることは、そこに生命が存在するかどうかを見極める重要な手がかりとなるため、その活躍が注目されています。

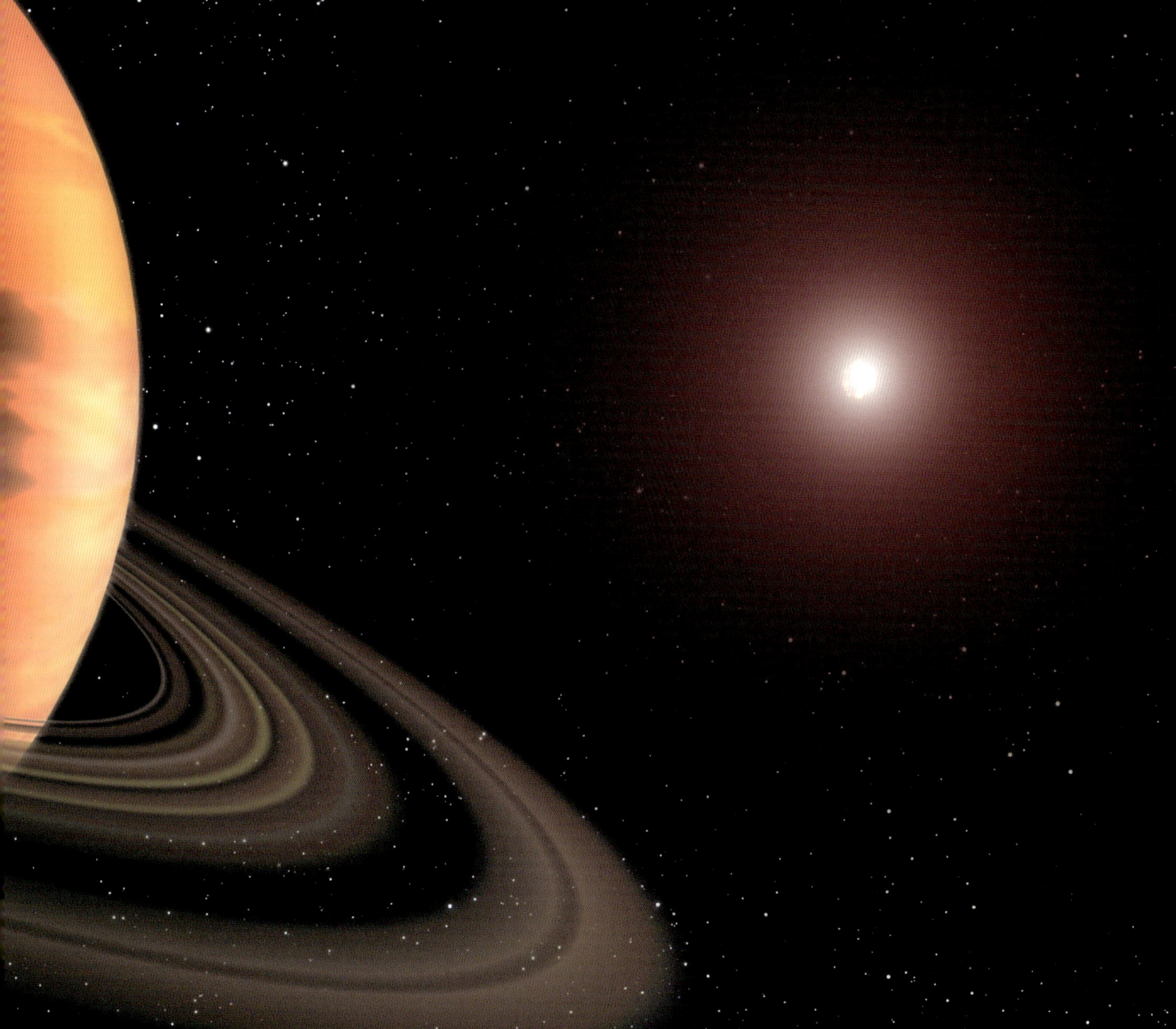

系外惑星の直接撮影 Direct Image

太陽系外惑星を捜す方法は現在6つあります。惑星が周囲を回っていることで中心の星が周期的に左右に振られて見える現象を捜す「位置測定法」、前後に振られるのを捜す「ドップラー効果法」。星の前面を惑星が周期的に通過することにより、星の明るさが変化することから検出する「トランジット法」。また、遠方の星の手前を星や惑星が通過したとき、その重力によって、背景にある星の光が増して見えるのを捜す「重力マイクロレンズ効果法」は、最近注目されている観測法です。他に、塵の円盤を持つ星を捜す方法や、高性能な望遠鏡で、直接惑星を撮影しようという「直接撮影法」があります。

なかでも直接撮影法や重力マイクロレンズ効果法は、ハッブル宇宙望遠鏡の性能を存分に発揮できる観測方法と言えます。

また、発見されている系外惑星の質量や直径、大気の成分や温度なども測定されていて、大気中に水蒸気や炭素など生命に必要な元素を含む惑星の存在が確認されています。

おうし座 TMR-1c
1997年8月4日にハッブル宇宙望遠鏡を用いて撮影され、初めて直接撮影された惑星として世界を賑わせました。左下の小さな光点が惑星といわれた天体です。しかし、その後の観測で、惑星ではなく原始星であることがわかりました。

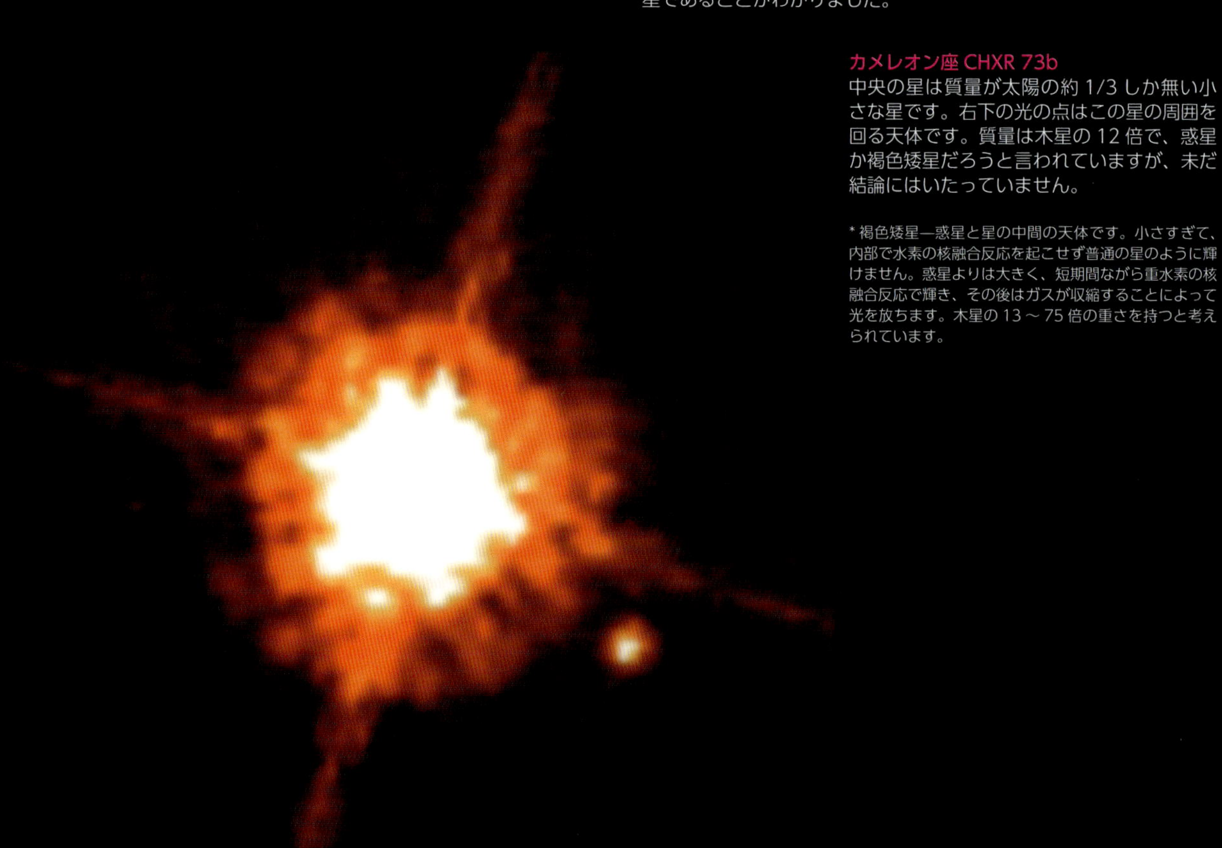

カメレオン座 CHXR 73b
中央の星は質量が太陽の約 1/3 しか無い小さな星です。右下の光の点はこの星の周囲を回る天体です。質量は木星の 12 倍で、惑星か褐色矮星だろうと言われていますが、未だ結論にはいたっていません。

* 褐色矮星―惑星と星の中間の天体です。小さすぎて、内部で水素の核融合反応を起こせず普通の星のように輝けません。惑星よりは大きく、短期間ながら重水素の核融合反応で輝き、その後はガスが収縮することによって光を放ちます。木星の 13 ～ 75 倍の重さを持つと考えられています。

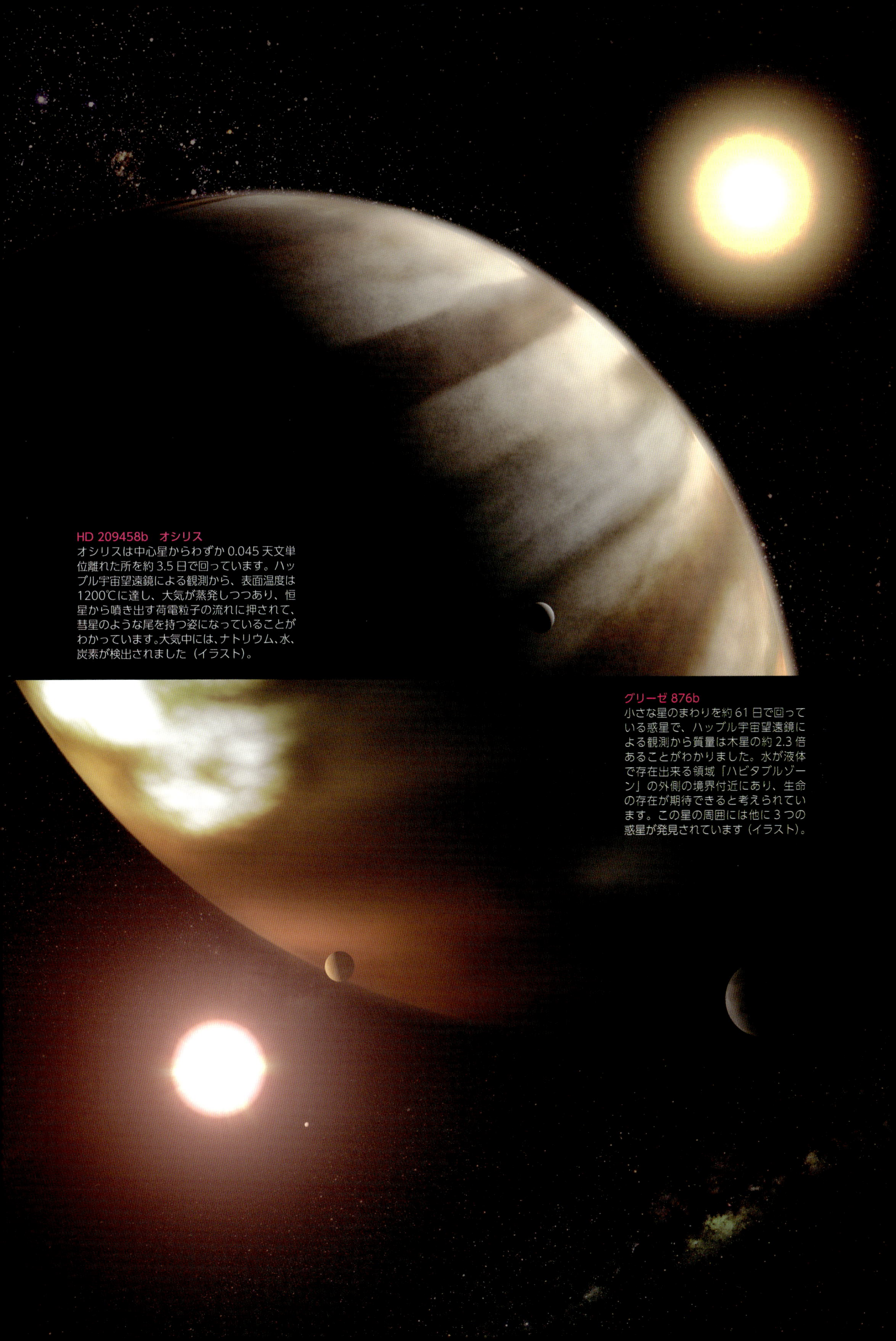

HD 209458b　オシリス
オシリスは中心星からわずか 0.045 天文単位離れた所を約 3.5 日で回っています。ハッブル宇宙望遠鏡による観測から、表面温度は1200℃に達し、大気が蒸発しつつあり、恒星から噴き出す荷電粒子の流れに押されて、彗星のような尾を持つ姿になっていることがわかっています。大気中には、ナトリウム、水、炭素が検出されました（イラスト）。

グリーゼ 876b
小さな星のまわりを約 61 日で回っている惑星で、ハッブル宇宙望遠鏡による観測から質量は木星の約 2.3 倍あることがわかりました。水が液体で存在出来る領域「ハビタブルゾーン」の外側の境界付近にあり、生命の存在が期待できると考えられています。この星の周囲には他に 3 つの惑星が発見されています（イラスト）。

HD 189733b
中心星から約 0.03 天文単位離れた所を約 2.2 日で公転している惑星です。質量は木星の約 1.3 倍、半径は約 1.4 で、表面温度は約 850 度あります。ハッブル宇宙望遠鏡による観測から、この惑星の大気は水色に見えることや、大気中には水蒸気とメタンが存在することがわかりました（イラスト）。

OGLE-2003-BLG-235L/MOA-2003-BLG-53L b
地球から 19000 光年も離れた所にあります。ハッブル宇宙望遠鏡を使った追加観測で、重力マイクロレンズ効果が確認されました。発見された惑星は、太陽の 0.6 倍の質量を持つ星から約 4.3 天文単位離れた所を回っており、質量は木星の約 2.6 倍あります（イラスト）。

HD 15115

HD 32297

HD 61005

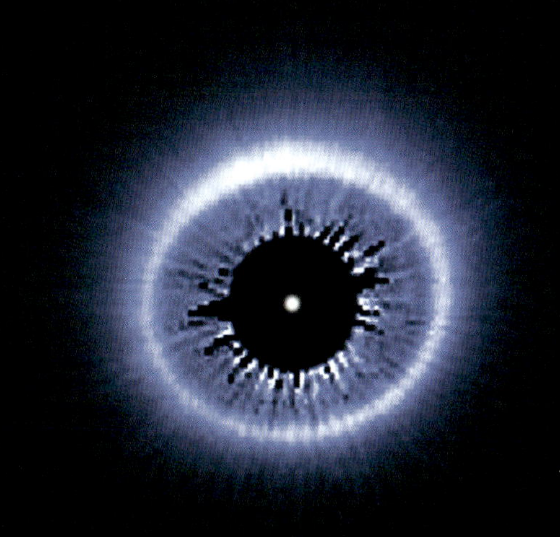

HD 181327

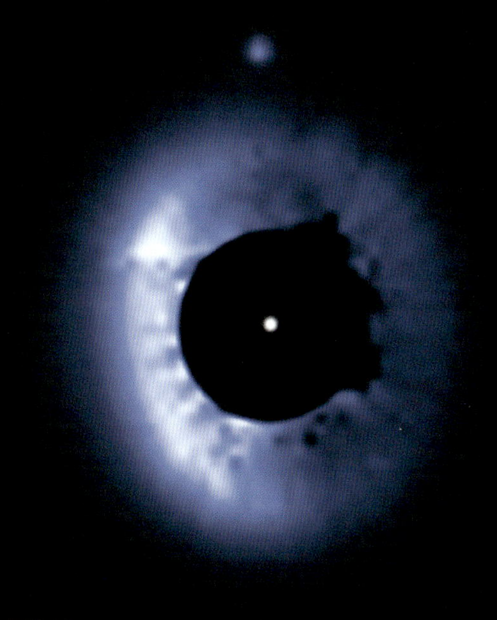

MP Mus

デブリ円盤（残骸円盤）
星の周囲を取り巻く、大量の塵と微小天体から出来た円盤の姿です。惑星形成後に残った天体の衝突によって作られたと考えられています。このような円盤はパンケーキのような形をしていると予想されましたが、実際にはゆがんだり非対称形だったりと予想外の多様な様相を示しました。これは検出できていない惑星の重力の影響かもしれないと言われています。

チリの円盤

系外惑星を直接発見する方法ではありませんが、系外惑星を捜すとても有効な手段とされているのが、塵の円盤を持つ星を捜すという方法です。

このような円盤は赤外線観測で見ることが出来ます。実は私達の太陽も遠方から赤外線で観測すると塵の円盤に囲まれていると考えられています。太陽系内には黄道にそって大量の塵が存在しており、それらが太陽光を反射して輝く光が「黄道光」として地球から見られます。また、小惑星帯やカイパーベルトでは、他の太陽系空間より微小天体が混み合い、それらの衝突が頻発してたくさんの塵が生じ、ドーナッツ状に太陽を取り巻いています。これらが赤外線を放っていると考えられています。惑星を持つ太陽が塵の円盤を持つなら、逆に塵の円盤を持つ星は惑星を持つだろうと推測されているのです。

　塵の円盤は惑星に比べてずっと大きく、検出しやすいため、円盤を先に捜し、円盤が見つかったら、その星の周囲に小さく捜しにくい惑星があるかどうか綿密に捜すのはとても効率的な方法と言えます。現在、塵の円盤を持つ星の約25%に惑星が発見されています。

　実は、塵の円盤には2種類あります。1つは、1000万歳くらいの若い星が持つガスと塵の円盤で、「原始惑星系円盤」と呼ばれています。惑星系を形成中、またはこれから形成すると思われる円盤です。

　もう1つは1億歳以上の普通の星の周りにある塵と微小天体から出来た円盤で「デブリ円盤（残骸円盤）」と呼ばれることがあります。太陽はこの種の円盤を持っています。中心の星が一人前になる過程で、原始惑星系円盤は星の光や熱で吹き飛ばされてしまいますが、デブリ円盤は惑星形成時に取り残された微惑星、彗星、小惑星同士や、これらが惑星と衝突した結果作られたものだと考えられています。

ハッブル宇宙望遠鏡による惑星捜索
いて座の天の川方向は最も星が混み合って見えます。その一角にハッブル宇宙望遠鏡を向け、同じ領域を約7日間のうちに520回撮影しました。トランジット法（P52参照）で惑星捜索が行われ、16個の惑星候補（緑の丸）が発見されました。その中でSWEEPS-4は、その後の追加観測により惑星の存在が確認されたものです。約4.2日で星のまわりを回る木星より一回り小さな惑星です。

HR 8799
大きなチリの円盤を持つ星です。左はハッブル宇宙望遠鏡の赤外線カメラを使って撮影した画像で、中心星からの光を特殊な装置を使って遮っているものの、星の光芒しか見えません。中央は画像処理によって左の画像を処理したもので、3つの惑星（○）が浮かび上がっています。右は観測から導かれた惑星の軌道です。中央の画像には惑星eの姿は見えていません。

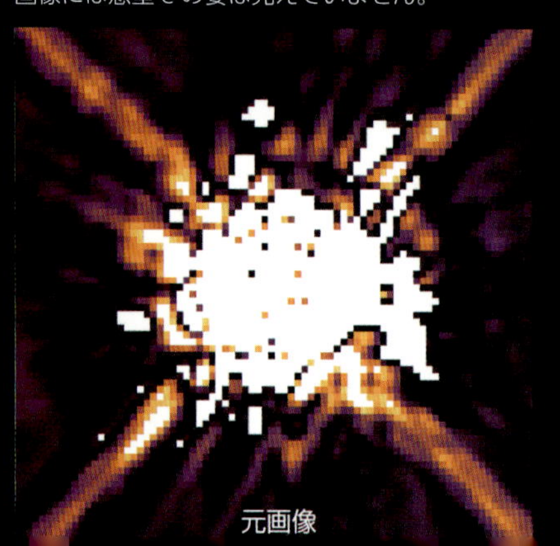
元画像

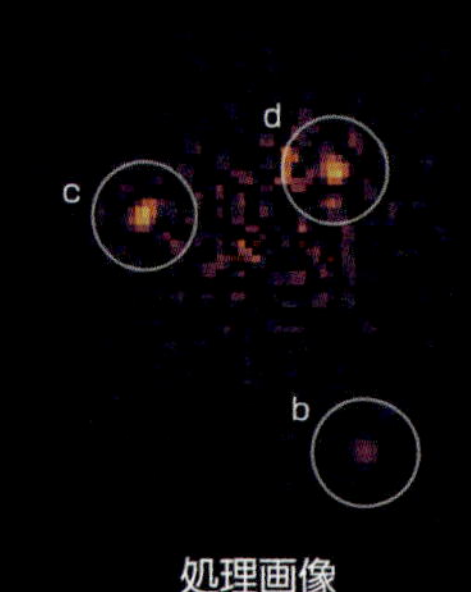

処理画像

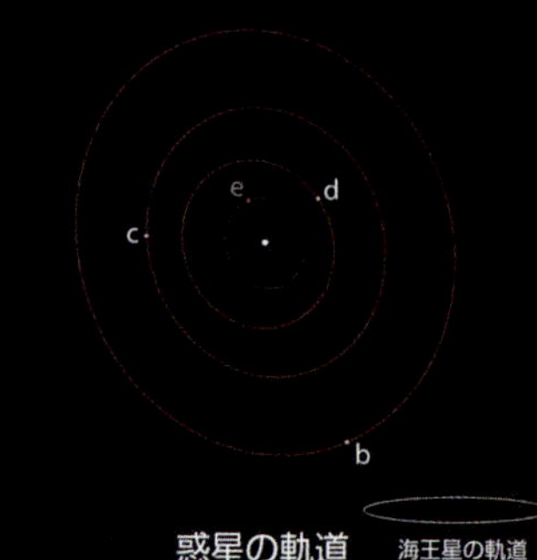

惑星の軌道

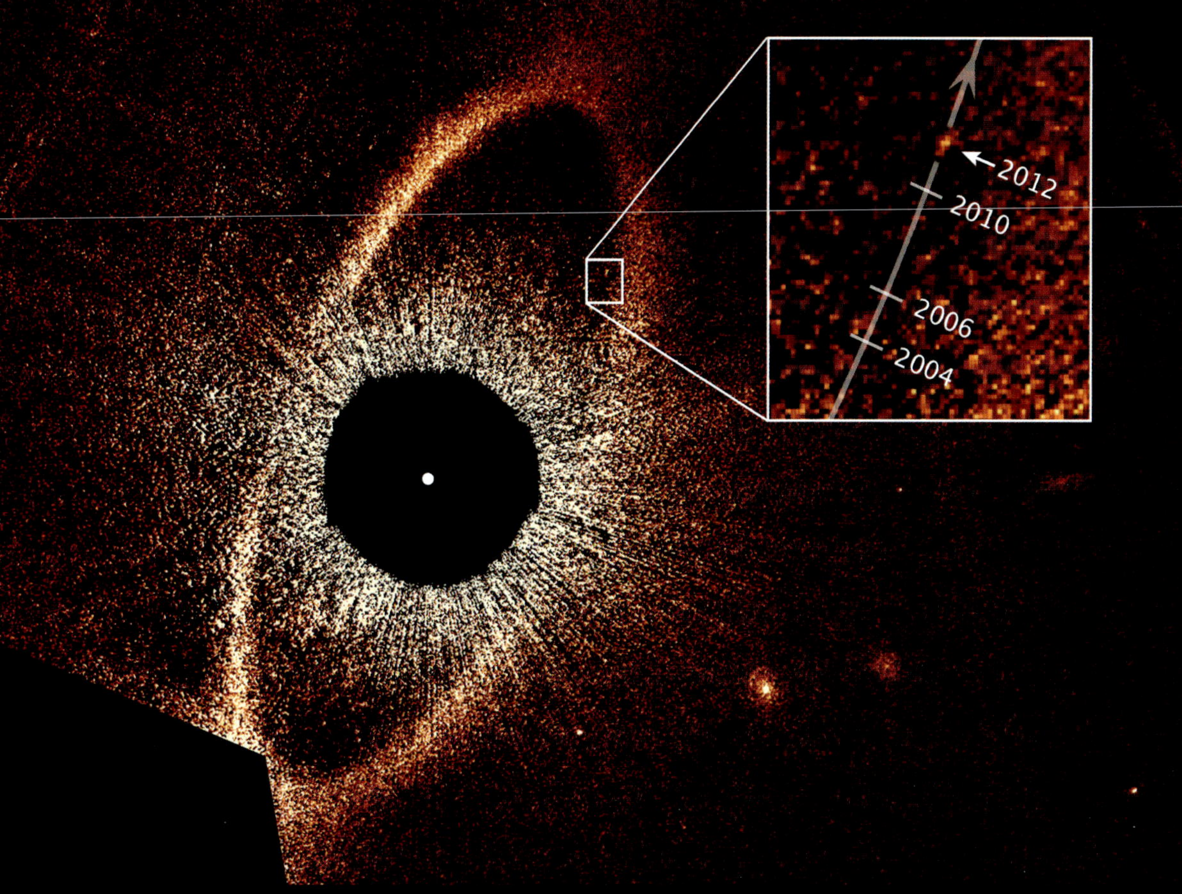

フォーマルハウトの惑星
みなみのうお座の１等星フォーマルハウトを取り巻く塵の円盤の姿です。黒く丸い部分は、フォーマルハウト自身からの強い光を遮るためのマスクです。その中央の白い丸はフォーマルハウトの位置を示しています。2008年、この円盤のすぐ内側に惑星が発見されました。右上の□がその位置で、右に拡大画像を示しました。2004年、2006年、2010年、2012年に撮影された画像を重ね合わせ、惑星の動きを示しています。

惑星状星雲と惑星

惑星は恒星が形成されるのとほぼ同時期に、星の周囲に形成されると考えられていましたが、1994年、年老いた星が死の直前に形成した惑星状星雲の中に形成中の惑星が見つかり、天文学者を驚愕させました。年老いた星から放出され、時間の経過と共に宇宙空間で冷やされたガスに、その後吹き飛ばされた高温ガスが衝突して圧縮され、惑星が形成されていたのです。ここから誕生した惑星は、太陽の光に照らされることなく漆黒の宇宙空間をさまよう運命です。

惑星状星雲内で形成される惑星
らせん状星雲NGC7293は太陽くらいの重さの星が一生の終わりに外層部を噴き出して形成された「惑星状星雲」です。これはハッブル宇宙望遠鏡によって撮影された星雲の一部で、中に丸い塊が尾を引く姿がいくつも見えています。この塊部分だけで私たちの太陽系の２倍の大きさがあり、内部では惑星が形成されていると言われます。

恒星・星雲・星団

STAR-NEBULA-STAR CLUSTER

私たち人間の一生から見れば、夜空の星々は永遠不滅の輝きを放っているように感じられますが、星にも誕生から死に至るまでの一生があります。その長さは生まれたときの重さで決まります。星はガスと塵の雲が収縮して形成されますが、この時、多量の物質が集まって大きな質量を獲得した場合、いち早く輝きだし、明るく輝いて、短い一生を駆け抜けます。一方、軽い星の形成には長い年月を要しますが、その後は長い間安定して輝き続けます。

星の死も重さによって異なります。軽い星の場合、中心部に核融合を起こす燃料が無くなるとゆっくり冷えて死んでゆきます。太陽のような中間的な重さの星の場合は、一生の終わりに外層部を噴き出して惑星状星雲を形成し、残った中心部は白色矮星となって徐々に冷えてゆきます。しかし、さらに重い星の場合、一生の終わりに劇的な超新星爆発をおこし、大部分は粉々に飛び散ってしまいます。その残骸が超新星残骸です。残った中心部は中性子星やブラックホールになります。

暗黒星雲と星の誕生 Dark Nebula & Star Birth

**光を放つことなく背景の光を遮ることでしか
姿を見せない暗黒星雲
その奥深くで星が形成される**

星と星の間は何もないように見えますが、希薄な塵と主に水素ガスから成る「星間物質」が広がっています。星間物質には濃いところと薄いところがありますが、平均的な星間物質より1000倍くらい濃く集まったところを「暗黒星雲」と呼びます。暗黒星雲は冷たく、このような低温状態では水素はしばしば分子状態になっているため、「分子雲」と呼ばれることもあります。

暗黒星雲の大きさは通常、直径20～60光年くらいですが、「グロビュール」と呼ばれる小さなものでは直径1光年ほど、逆に「巨大分子雲」と呼ばれるものの中には直径250光年にも及ぶものもあり、大きさは様々です。このような暗黒星雲は光を放つことなく、光り輝く散光星雲や天の川の輝きを背景にして黒々とした姿を見せます。

このような暗黒星雲の内部は星が形成される場所でもあります。暗黒星雲の近くで星が誕生して強い恒星風が吹き付けたり、超新星爆発が起きて衝撃波が起きたり、暗黒星雲どうしが衝突するなど、何かきっかけがあると、星雲内で収縮が始まり、星が形成されます。1つの暗黒星雲から、通常、いくつかの星が生まれます。

グロビュール
たくさん見える黒い部分は、グロビュールと呼ばれる高密度の小さい暗黒星雲です。一般に散光星雲の中に存在し、直径は1光年くらいで質量は太陽の2～50倍ほどあります。多くのグロビュールの内部では星が形成されていると考えられています。この画像は散光星雲IC2944の中にあるグロビュールで、一番大きなもので長さが1.5光年ほどです。

NGC 281 の全体像
カシオペヤ座にある散光星雲で、星形成領域です。ここには約 350 万歳というひじょうに若い散開星団 IC1590 やいくつかのグロビュールが埋め込まれています。キットピーク天文台の口径 0.9m 望遠鏡で撮影されました。□枠は HST の撮影範囲を示します。

NGC 281 内のグロビュール
散光星雲 NGC281 のほぼ真ん中にあるグロビュールで、とても印象的な形をしています。このあたりには散開星団 IC1590 があり、星団を構成するたくさんの星が捉えられています。

馬頭星雲（左ページ）
その名の通り、馬の頭部の形をした暗黒星雲です。これは赤外線を使って撮影されたものです。赤外線は暗黒星雲の内部をある程度透過して捉えることができるため、右ページの画像に比べ、暗黒星雲内の詳細な構造が見て取れます。右画像では見えない星雲内部に隠されたたくさんの星が見えています。

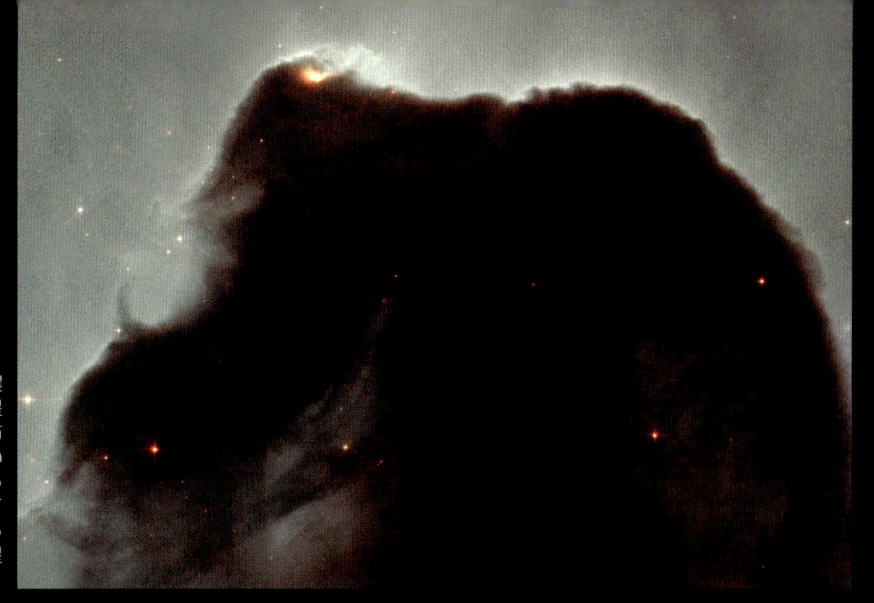

Ｈα光で見た馬頭星雲
Ｈα光という特殊な波長の光（濃い赤色）だけを捉えることで、星の光で温められた水素ガスの分布を見ています。馬頭星雲は冷たいため黒く写っており、後方にある散光星雲 IC434 は明るく輝いています。馬の頭部の先の赤く明るいところは、その奥にある若い星によって輝いている場所です。

オリオン大星雲 Orion Nebula

**ハッブル宇宙望遠鏡は
星が誕生する現場の姿を詳細に捉え
予測を上回る多くの情報をもたらした**

　オリオン大星雲はオリオン座のほぼ中央にあり、ガスと塵から出来た雲が生まれたばかりの星の光と熱を受けて自らが光り輝いているものです。このような天体を「散光星雲」と呼んでいます。

　銀河系内で最も星の形成が盛んな領域です。この星雲は「トラペジウム」と呼ばれる、若く高温の星々の光を受けて輝いていますが、これらは今から10万年ほど前にオリオン大星雲の中から誕生したばかりの若い星です。オリオン座方向に輝く星の多くは、かつてこの星雲から生まれてきました。過去200万～300万年の間に、2000個の星が誕生したと推測されています。そして、ここでは現在も星が誕生しています。

　星形成領域としては私達に比較的近いところにありますから、以前から盛んに観測・研究が行われてきましたが、ハッブル宇宙望遠鏡も何度となくこの星雲に向けられています。ハッブル宇宙望遠鏡による最も大きな発見の1つが、星雲内の生まれたばかりの若い星の多くがガスと塵の円盤に取り巻かれていたと言う事実でしょう。このような円盤は「原始惑星系円盤」と呼ばれ、この中では惑星が形成されつつあります。

オリオン大星雲と KL 天体（初期の画像）
背景は地上の小型望遠鏡で撮影したオリオン大星雲の全景で、□枠がハッブル宇宙望遠鏡が撮影した領域です。
これは 1990 年 10 月 4 日、ハッブル宇宙望遠鏡が活動を開始した直後に、Ｈα光という水素ガスの出す赤い光を使って撮影し、初めて星雲の詳細を明らかにしました。KL 天体はオリオン大星雲の中にある、強い赤外線を放つ天体で、太陽の 30 倍という大質量の原始星から噴き出す恒星風が周囲のガスと塵の雲に衝突して輝やいています。

トラペジウム付近（可視光）
可視光で撮影したオリオン大星雲の中心部です。最も明るい4個の星はトラペジウムと呼ばれ、今から10万年ほど前に星雲の中から誕生したばかりです。これらの星が放つ強烈な紫外線と熱でオリオン大星雲を輝かせています。

トラペジウム付近（赤外光）
上の画像と同じ場所を赤外線で撮影しました。可視光の画像には星がほとんど見えませんが、この赤外線画像ではおびただしい数の星が姿を見せています。これらはガスと塵の奥にある、生まれたばかりの星や一人前になる前の原始星です。

原始惑星系円盤

オリオン大星雲内には多数の涙型や円盤形の天体が見られます。これらは原始星を取り巻く高密度のガスと塵の円盤「原始惑星系円盤」で、太陽系のような惑星系を形成する現場だと考えられています。塵の多い原始惑星系円盤は後方の光をさえぎり、黒く見えています。

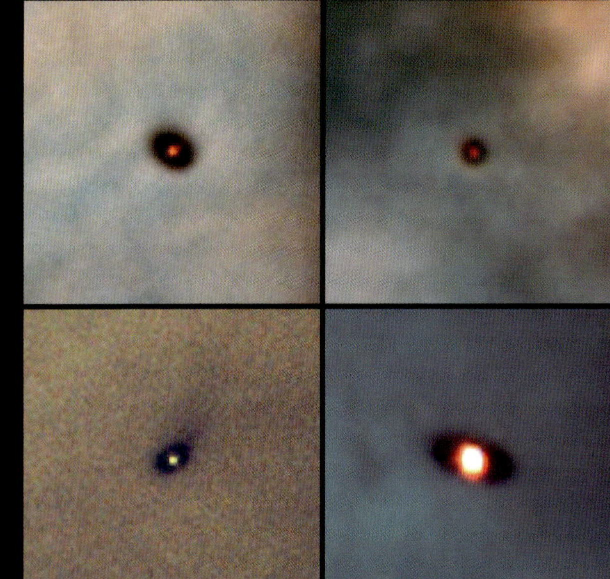

オリオン大星雲の中に見られる蒸発する原始惑星系円盤

星は大質量のものほど短時間で誕生し、生まれたばかりの大質量星は高温で強い紫外線を放ち、周囲のガスと塵の雲を蒸発させてゆきます。ここに見られる彗星のような尾を引いた姿やしずくのような形をした原始惑星系円盤は、このような星の影響で蒸発し始めています。大質量星が形成される場所では、原始惑星系円盤から惑星系が誕生する確率はとても低いと考えられています。

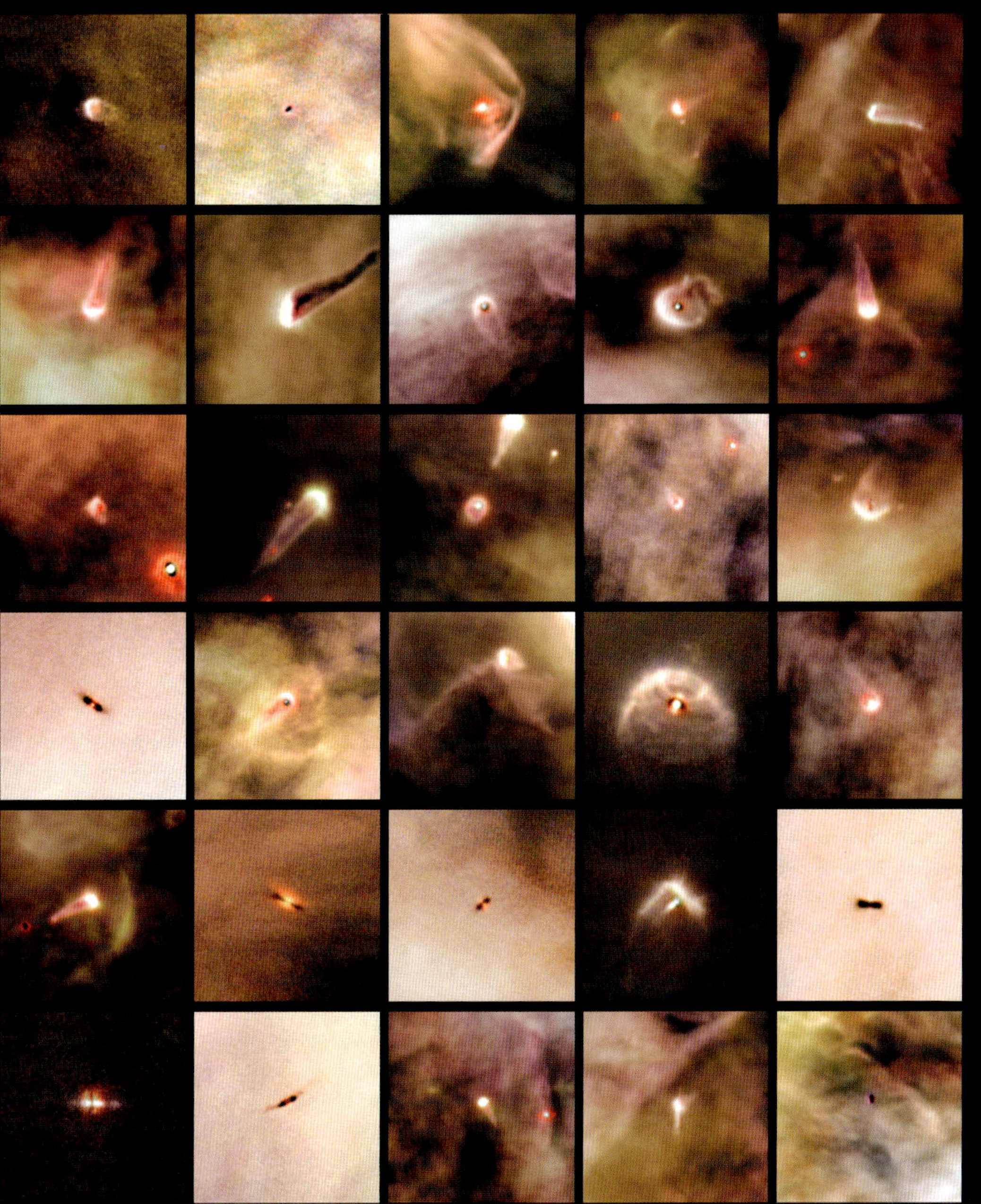

M42　オリオン大星雲

ハッブル宇宙望遠鏡 ACS カメラによって撮影された多くの画像をモザイク合成して作成されました。その他にヨーロッパ南天天文台の 2.2m 望遠鏡のデータが利用されています。

新しく生まれた星の光を受けて蒸発し光り輝く領域と、蒸発から取り残された濃く冷たい暗黒星雲が複雑に入り組んでいます。また、生まれたばかりの星からの強い紫外線と強い恒星風は星雲に複雑な模様を刻んでいます。この星雲に重なって、形成途中の様々な段階の星が 700 個以上も発見されています。これらは、時間が経過するにつれて、次々と一人前の星となり、その光と熱でガスと塵の雲を少しずつ蒸発させ、オリオン星雲をさらに明るく輝かせると共に複雑な姿に変えてゆきます。

M16 わし星雲 M16 Eagle Nebula

星雲中心部にある巨大な暗黒星雲の柱には形成途中の星がいくつも隠されていた

直径約15光年の散光星雲ですが、実は、その背後には70×55光年ほどの大きさの暗黒星雲が横たわっています。手前に輝く若い星々は、今からわずか550万年ほど前にこの暗黒星雲の中から誕生し、周囲のガスと塵の雲を暖めて光り輝かせ、M16を作り出しました。

この星雲は、ハッブル宇宙望遠鏡による観測によって、中心部にある巨大な暗黒星雲の柱（創造の柱とも呼ばれる）の先に、形成途中の星が隠されていることがわかり、一躍脚光を浴びました。その後、この様な柱状の暗黒星雲は他の散光星雲内でも多く発見されており、「ピラー」と呼ばれています。　ピラーは密度が高い領域ですが、生まれたばかりの星の強力な光と熱によってその表面が蒸発し始めています。

M16 中心部
青、赤、黄色の部分は、誕生したばかりの星の光を受けて蒸発しながら輝くガスと塵の領域です。一方、暗い色の領域は、蒸発せずに残っている、密度の高い、冷たい部分です。□枠はここに示したハッブル宇宙望遠鏡による画像の範囲でキットピーク天文台の 0.9m 望遠鏡で撮影されました。

ピラー
高さは 9.5 光年あり、創造の柱のピラーの約 2 倍の長さがありますが、生まれたばかりの星の光と熱でかなり浸食されています。暗黒星雲の周囲がオレンジ色や白にぼんやり輝いて見えるところは表面からガスが蒸発しているところです。

創造の柱の構造
密度の低い暗黒星雲は生まれたばかりの高温度星の光をうけて蒸発し、密度の高い部分だけが柱のような形で残っています。光芒のように見えるのは暗黒星雲の表面が星の光で蒸発し始めているところです。

創造の柱
内部で星が形成されている事から「創造の柱」と名付けられています。左ページの同じ領域を撮影してから20年後に再び撮影された画像で、何枚かの画像をつないでより広範囲の様子が捉えられています。また、近赤外線画像を重ね合わせ、ピラーのより複雑で詳細な構造を見ることが出来ました。内部で星を形成中のピラーが若い高温の星の放つ紫外線や恒星風によって、次第に蒸発し侵食されている様子がよくわかります。蒸発の速度がゆっくりなら、ピラー内部で形成中の星の卵は周囲から充分な量のチリとガスを集めて一人前の星になるでしょう。しかし、蒸発の速度が速ければ、充分大きくなる前に周囲のガスをはぎ取られ、星になることができないかもしれません。ピラーの長さは約5光年あります。

イータ・カリーナ星雲 Eta Carinae Nebula

銀河系内最大の星形成領域
そこには最も不安定な星と言われ
爆発をくり返す大質量星が輝く

イータ・カリーナ星雲（カリーナ星雲とも呼ばれる）は最も美しい散光星雲の1つです。輝いて見える部分は直径約500光年で、銀河系最大の星形成領域です。星雲に重なって見える星の多くはこの星雲内で生まれました。星雲には100万～1000万歳の若い散開星団が少なくとも8個重なって見えていますが、これらはすべてこの星雲内で誕生したと考えられています。現在も活発に星が形成されている領域です。

イータ・カリーナ星雲の中心部には鍵穴（キーホール）星雲と呼ばれる暗黒星雲が存在し、それに重なって、散開星団トランプラー16が輝いています。これは500個以上の星から成る若い星団で、誕生してから100～300万年しかたっていません。ひじょうに高温で強烈な紫外線を放ち、これらがイータ・カリーナ星雲を加熱して輝かせています。

この星団の星の1つがイータ・カリーナ星です。大質量星の不安定な星で、小規模爆発をくり返しています。

イータ・カリーナ星雲
大質量の高温度星をたくさん生み出している星雲で、イータ・カリーナ星をはじめ、太陽の100万倍以上の明るさを持ついくつもの星々の光を受けて輝いています。オリオン星雲より500～1000倍明るいとも言われます。大きな四角で囲んだ領域はP72-73に示した画像の範囲です。また、小さな四角は下の画像の範囲を示しています。

原始星から噴き出すジェット
イータ・カリーナ星雲内に見られる暗黒星雲のピラー構造を可視光（上）と赤外光（下）で撮影したものです。赤外線画像では、暗黒星雲（透明な雲状に見える）内で形成中の星から2方向へ噴き出すジェットがはっきりと捉えられています。

ミスティック・マウンテン
イータ・カリーナ星雲内に見られる暗黒星雲です。2 つの濃い雲の先端から左右に伸びる白い直線状と弓状の模様は「ハービッグ・ハロー天体」と呼ばれ、雲の中に隠されているまだ 1 人前の星になっていない「原始星」から 2 方向へ噴き出すジェットにより形成されたものです。上のジェットは全長約 0.6 光年、下は 1 光年以上の長さがあります。

イータ・カリーナ星（りゅうこつ座イータ星）
星雲の最も明るい部分に位置する 6 等級の恒星で、この画像の雪だるま状の星雲の中心にイータ・カリーナ星があります。ひじょうに不安定な星で、18 世紀、19 世紀に小規模な爆発現象を起こしたことが知られており、いつ超新星爆発を起こして星が吹き飛んでもおかしくないと考えられています。

イータ・カリーナ星雲中心部
高温で光り輝く領域と黒く低温の暗黒領域、生まれたばかりの若い星々が複雑に入り交じっています。左ページの四角で囲んだ天体がP71で紹介したイータ・カリーナ星で、その右の暗黒星雲が鍵穴星雲です。右ページの四角で囲んだ領域はP71で紹介したミスティック・マウンテンです。

NGC2174　モンキー星雲
猿の横顔のような形をしていることで知られている散光星雲の一部です。赤外線を使って撮影したこの画像では、可視光では見えなかった暗黒星雲の複雑な構造がよく見えています。星雲は若い散開星団 NGC2175 を伴っていて、これらの光と熱で暗黒星雲がかなり侵食されています。

NGC602
小マゼラン銀河の星形成領域 NGC602 の中心部です。大変若い高温度星からの輻射が星々を包み隠していたガス雲に穴を開け、姿を現しています。星雲は大きさが約 200 光年あり、中央に向かって突き出したいくつもの角のような部分の中では星が形成されています。

中心領域
近赤外線で撮影した画像で、可視光より星雲の奥深くまで見通すことが出来、星雲内に埋め込まれていた 80 万個以上の星と原始星の存在を捉えました。

タランチュラ星雲 Tarantula Nebula

巨大な星形成領域に、死んだ星の残骸と星を生み出す星雲の相互作用を見る

大マゼラン銀河は私たちの銀河系から約17万光年離れた所にある小さな銀河ですが、至る所で盛んに星形成が起きています。特に目立つのが「タランチュラ（毒グモ）星雲（NGC2070、30 Dor）」です。明るく輝く領域だけでも直径800光年以上あり、暗い周辺部分を含めると6000光年の広がりがあると考えられています。銀河系内の星領域は巨大なものでも500光年くらいしかありませんので、いかに巨大かわかります。タランチュラ星雲ではこれまでに1万個以上の星が誕生しています。

また、おびただしいフィラメント構造はここで生まれた、いくつもの大質量星が一生を終えて超新星爆発を起こした産物です。超新星残骸は高速で周囲に広がり、タランチュラ星雲のガスを押し分けて進み、衝撃波が星雲を圧縮してフィラメント構造を作っています。

R136
タランチュラ星雲の中心領域です。青く輝くのは今から 100 万年ほど前、タランチュラ星雲内から生まれた星々で、R136 と呼ばれる星団を作っています。タランチュラ星雲は、この星団の星の光と熱で輝いています。中心部では、4 光年ほどの領域に 1 万個以上の星が存在し、中には太陽の 100 倍以上の重さを持つ星もいくつかあります。星団に重なって見える暗黒星雲の中では現在星が形成されています。

NGC2074
タランチュラ星雲のすぐ隣の散光星雲の中にある、ひじょうに若い散開星団で、画像の左上に見えています。星団の星々と暗黒星雲の背後に隠されている生まれたばかりの星々の光と熱が、散光星雲を輝かせています。この領域では今も盛んに星が形成されています。

HH天体とボウショック HH Object & Bow Shock

天体から高速で噴き出すガスが
周囲の物質に高速で衝突し形成された構造

星の誕生現場では「ハービッグ・ハロー天体（HH天体)」がしばしば見られます。星が形成されるとき、材料となる濃い塵とガスの雲は渦を巻きながら中心へと落下してゆきますが、その一部は渦巻きの上下方向へ高速ジェットとして放出されます。ジェットは周囲を覆う濃く冷たいガスと塵の雲の中に穴を掘ってゆきます。そしてジェットとガスの衝突地点は、衝撃波によって激しく熱せられて輝きます。ジェットの通り道や衝突地点が輝いて見えるのがHH天体です。

一方、ボウショックは衝撃波面とも呼ばれ、星間物質と噴き出したガスが高速で衝突した時、衝突の前方に形成される山のような形の構造です。ボウショックを伴うHH天体は数多く見られます。

ハービッグ・ハロー天体
さまざまな様相のHH天体です。上のHH-47では暗黒星雲内を貫いて噴出するジェットの姿がよく見えています。左の青い部分付近に原始星があります。大量の物質のジェットが右に向かって放出されていて白いボウショックを形成しています。HH-34では青いボウショックがいくつも重なり合っています。また、HH-2でも、いくつものボウショックが重なり合っています。

オリオン座 LL 星のボウショック
中央の明るい星がオリオン座 LL 星です。オリオン星雲の中心領域から蒸発し、ゆっくり拡散しつつあるガスが画像の右下方向から吹きつけ、LL 星から噴き出す激しい恒星風と衝突している様子です。衝突面は 3 次元のため、コンタクトレンズを斜め横から見ているような姿が正しいイメージです。

ランナウェイ・スター
高速で星間物質内を疾走する星「ランナウェイ・スター」の画像です。4 個の若い星は強い恒星風を噴き出しながら進んでいるため、恒星風と星間物質の衝突によって衝撃波面が形成され、様々な姿の光跡が生じています。

IRAS 20324+4057
上の図の左下の天体の詳細を捉えたものです。以前はランナウェイ・スターだと考えられていましたが、最新の観測では、これは、収縮段階にある原始星だと考えられています。近くにある高温の星々からの強い紫外線によって、周囲のガスと塵の雲が蒸発し押し流され、おたまじゃくしのような形を形成しているというのです。原始星が星になるために十分な量のガスを集めるのが遅いと、蒸発してしまう可能性があります。

2002年5月20日

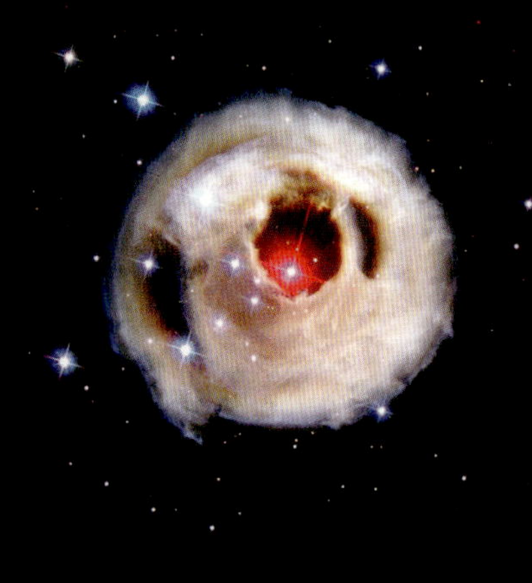

2002年9月2日

2002年10月28日

2002年12月17日

2004年2月8日

2004年10月24日

V838 Mon
中心に輝く星は2002年1月に突発的な増光現象を起こした変光星V838 Monです。日を追うにしたがって周囲の星雲が広がってゆくように見えますが、実際は、時間と共にアウトバースト（星が急激に明るくなる）の光が星からより遠くまで達し、中心星から遠いところの星雲の様子が見えているものです。周囲の星雲は以前、アウトバーストによって星から放出されたものではないかと考えられています。

ライトエコーと反射星雲 Light Echo & Reflection Nebula

急速に増光する天体からの光が
ガスや塵の雲で反射または再輻射される現象

ガスと塵の雲が星の光を反射して輝く星雲を「反射星雲」と呼んでいます。星雲の中から誕生した星が高温の場合、周囲のガスと塵の雲を温めて星雲は自ら光り輝きますが、星がそれほど高温ではないとき、周囲の塵は星の光を単に反射して輝き、反射星雲を形成します。また、宇宙空間を移動中のガスと塵の雲が星と偶然出会い、通過するまでの間、一時的に反射星雲が形成されることがあります。

このような反射による現象の1つに「ライトエコー」があります。体育館や風呂場で叫ぶと声が周囲の壁に反射して返ってきます。これが「こだま（反響、エコー）」ですが、同じように、超新星のような急速に増光する天体からの光が、ガスや塵の雲に反射され、我々に届く現象を「ライトエコー」といいます。1939年に初めて提案された概念ですが、注目されるようになったのは、1987年、大マゼラン銀河に出現した超新星SN1987Aで観測されたためです。その後、ライトエコーの観測が活発になり、光の反射だけでなく、再輻射によるものやX線や赤外線でも観測され、現在では、光源となった天体についての情報を得たり、その周囲の星間雲の分布や物理量を知るための新たな観測手段の1つとして注目されています。

とも座RS星
約5週間の周期で明るさが増減する変光星です。この星は、周囲に複雑な様相をした濃いガスと塵の雲を持っています。ハッブル宇宙望遠鏡を使い撮影が行われた結果、星の周期的な明るさの変化につれて、中心から外側へさざ波が広がってゆくように明るい部分が移動してゆく様子が捉えられました。変光星によるライトエコーです。

ハッブルの変光星雲
NGC2261

いっかくじゅう座R星の光を反射して輝やいている星雲です。R星は原始星で、赤道方向に濃い塵とガスの雲がドーナッツ状に取り巻き、その上下方向に高速でガス（双極分子流）を噴き出しています。ガス流は周囲の物質に穴を掘り、その壁面が輝いて見えているのがハッブルの変光星雲です。変光して見えるのは、R星が不安定で不規則に明るさを変えているのと、R星の近くに移動している雲があり、原始星に照らされる領域が変化しているからだと考えられています。

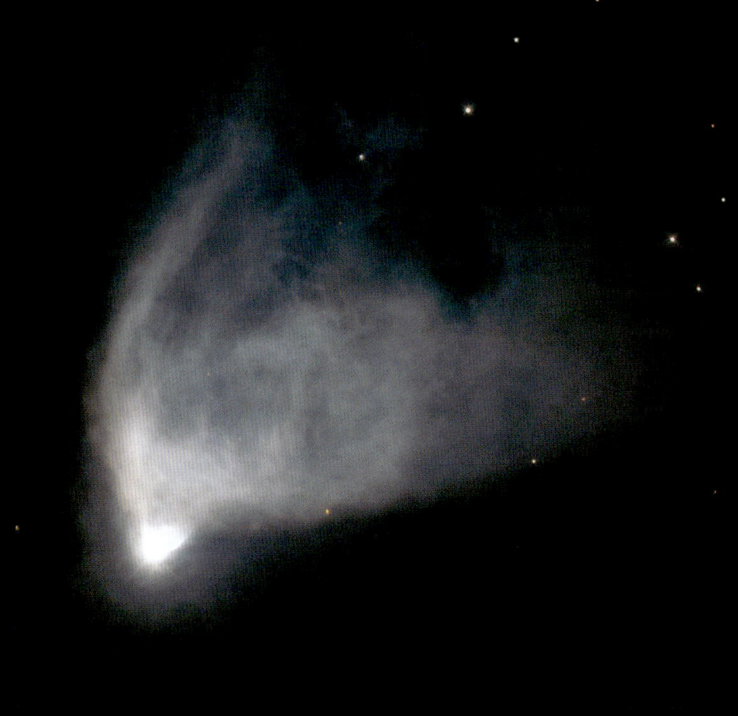

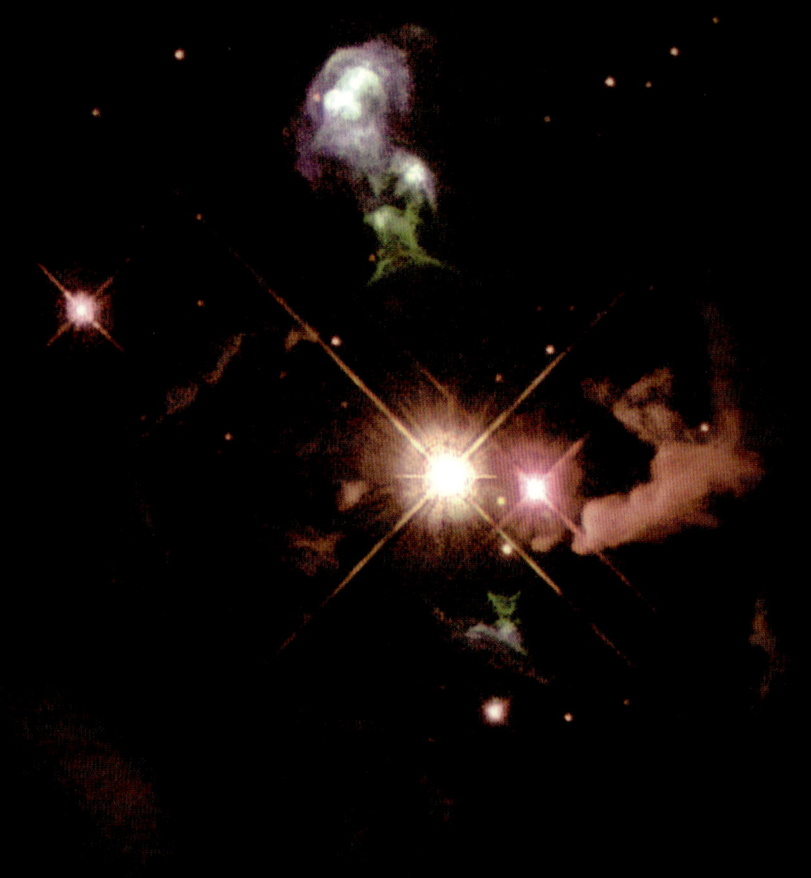

ハービッグ・ハロー 32
(HH 32)

中心に輝く原始星はいっかくじゅう座R星より進化が進んでいて、周囲のガスと塵の雲はすでにかなり吹き払われています。上下方向にはジェットが放出されており、周囲の星雲と衝突して高温となり青や緑の星雲を作り出しています。赤い部分は星の光を反射して輝く反射星雲です。

ブーメラン星雲
年老いた赤色巨星が、赤道方向にある濃いガスと塵の雲のために2つの極方向へ物質を噴き出して形成した星雲です。噴き出した塵が中心の星の光を反射して輝いています。擬似カラー画像で、星雲を形成する塵の大きさや磁場の向きなどによって色が変えられています。

奇妙な恒星 Oddball Star

**宇宙の観測研究が進むにつれ
思いもよらなかった姿の天体が発見された**

ハッブル宇宙望遠鏡によって得られた画像は時として予想以上の興味深い天体の姿を明らかにします。明るさを変える変光星が自ら放出したガスの雲に包まれていたり、年老いて大きく膨らんだ赤色巨星の周囲に広がるガスの雲がひどく不均一だったり、質量がとても大きく激しい恒星風を噴き出すウォルフ・ライエ星が複雑な姿の星雲に包まれたりと、予想だにしなかった興味深い姿が次々に明らかになりました。特に、18、19世紀に何度か増光し、爆発現象を起こしたと考えられていたイータ・カリーナ星が、雪だるまのような形のガスの雲に包まれていた姿には驚かされました。

また、こうした大量のガスを吹きだす不安定な星や、強い恒星風を噴き出す若い星々が、宇宙空間を移動する時、周囲の星間物質と衝突して衝撃波面を形成したり、彗星のような尾を引いて見えることが発見されたのもハッブル宇宙望遠鏡の成果と言えるでしょう。

ミラとその伴星

可視光　紫外光

ミラ
直径が太陽の330～400倍もある巨大な星ですが、質量は太陽とほぼ同じですから、とても希薄で膨らんだ星です。中心部では核融合反応の燃料が尽きかけていてとても不安定で、膨らんだり縮んだりして明るさを変えています。ミラは白色矮星を伴星に持つ連星で、上の画像では右がミラ本体、左が伴星です。
下はミラ本体で、左画像では細長く見えます。表面に出現した巨大な黒点または白斑の影響か、星の外層が実際にゆがんでいるためだと言われています。また、右画像ではフック状の構造が見られますが、これはミラから伴星に降り注ぐガスの姿か、もしくはミラの上層大気が伴星の光と熱で暖められているのではないかと言われています。

みずがめ座R星
この星は「共生星」と呼ばれる変光星です。年老いて膨らんだ赤色巨星が周囲にガスを放出し、その中に高温の伴星が飲み込まれて、ガスを加熱しているものです。炎のように見える上の部分は、巨星から放出されたガスで、約600年前から何回も放出が起きていると考えられます。中央の2つの黒い穴のような部分に連星が位置していると考えられています。

シリウスの伴星
全天で最も明るく輝く星シリウスは二重星で、左下に見える小さな光点が伴星です。伴星は観測史上初めて発見された「白色矮星」です。重さは太陽くらいありますが、大きさは地球くらいしかありません。驚くほど高密度で、この星の角砂糖 1 個分のかけらは小さなトラック 1 台分の重さがあります。中心部で燃料がなくなって核融合反応が停止し、一気に収縮したもので、数千億年かかってゆっくりと冷えて光らなくなってゆきます。

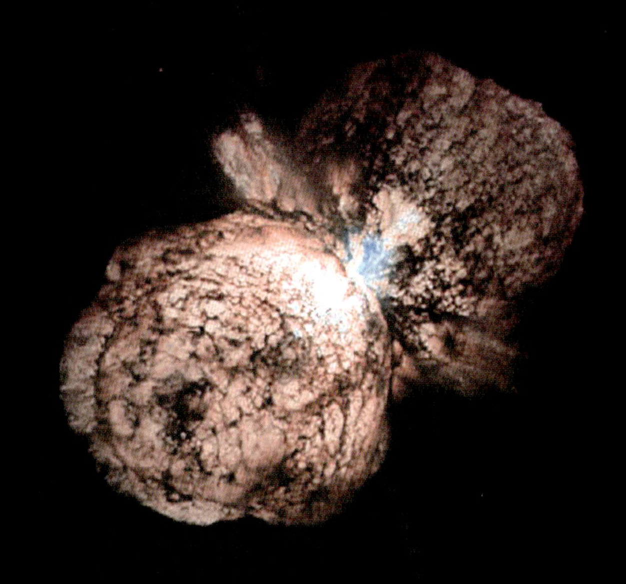

イータ・カリーナ星（写真上と下）
雪だるまのような形の星雲の中心にイータ・カリーナ星があります。ひじょうに不安定で、今にも大爆発を起こす可能性があります。下は、星が吹き飛ぶ様子を示したイラストです。
以前、イータ・カリーナ星は太陽のおよそ 100 ～ 150 倍の質量を持ち、星として存在できる限界に近いと考えられていましたが、最近では、太陽の 70 倍の星と 30 倍の星がふれあうほど接近した近接連星だと言うことが分かっています。

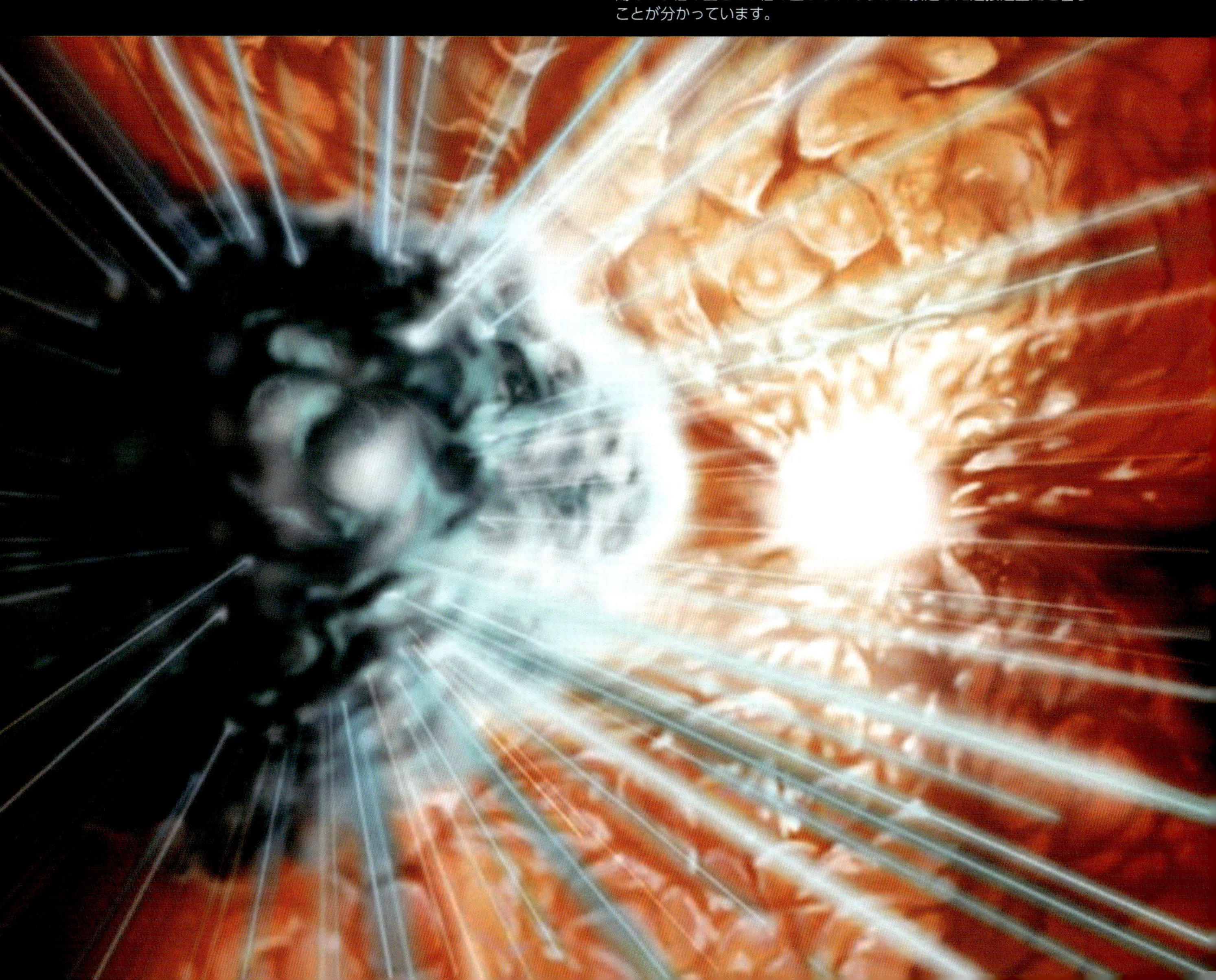

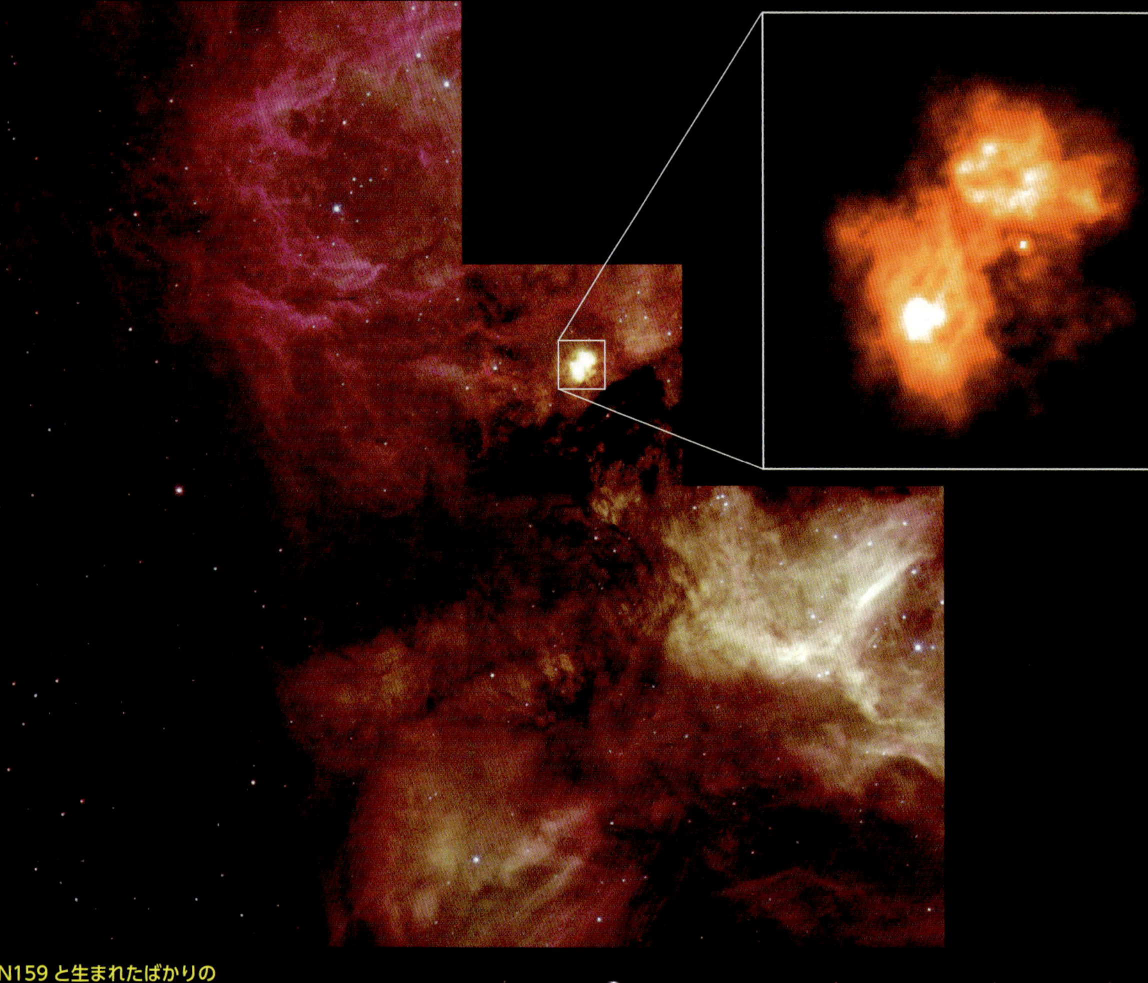

N159 と生まれたばかりの大質量星

左の画像は大マゼラン銀河内の巨大な星形成領域 N159 で、その中にチョウのような形の星雲が発見されました。右はその拡大画像です。この星雲の中心には太陽の 10 倍以上の質量を持つ星が隠されていて、周囲のガスと塵を 2 方向へと吹き飛ばして星雲を形作っていると考えられています。星雲は星の光を反射しているのではなく、中心星によって加熱され自ら光り輝いています。生まれたばかりの星に付随するこのような星雲は珍しいものです。

NGC6357 の中心部

散光星雲 NGC6357 の中心部です。この星雲は星形成領域として知られています。画像の上の方に見える星々は若い散開星団　Pismis 24 です。最も明るい星は Pismis 24-1 と呼ばれています。

現在の理論では太陽質量の 150 ～ 200 倍を超える星は不安定となり存在できないとされていますが、Pismis 24-1 は、明るさなどから以前は限界値を遙かに超える太陽の約 300 倍の重さを持つ星だと考えられていました。しかし、ハッブル宇宙望遠鏡による観測は、この星が二重星（上画像）であることを示し、その後のスペクトル観測から実は三重星だったことが判明しました。それでも存在できる限界に近い大質量星です。

青色はぐれ星
ハッブル宇宙望遠鏡を使って銀河系中心方向に太陽系外惑星を捜すプロジェクトの副産物として、青色はぐれ星が42個捉えられました。背景の画像は地上から撮影された天の川の画像です（北方向が下）。□で示した場所がハッブル宇宙望遠鏡を使って撮影された場所で、その中に緑の○で示した星が、今回発見された青色はぐれ星です。

20世紀になって観測機器が飛躍的に進歩し、球状星団の中心部にある個々の星の研究が可能になると、奇妙な星が発見されました。それは青く輝く大質量星でした。球状星団の星々はほぼ同一時期に作られます。年齢が100億年くらいの球状星団では、重い星ほど水素を激しく燃やして早く進化し、赤色巨星へと進化しているはずなのに、大質量星を持つにもかかわらず一部に若く青い星が見つかったのです。これは「青色はぐれ星」と呼ばれ、謎の天体として注目されました。

その形成過程については、未だ謎が残っていますが、現在、2つの方法があると考えられています。第1は、2つの星が衝突合体して作られたというものです。元の星は近接連星を形成していたか、または星が混み合った場所で行きずりに衝突合体したものと考えられています。第2は、連星の一方の星からもう一方の星へ、または偶然出会った一方の星からもう一方の星へ、ガスが大量に流れ込んだ結果形成されたという考えです。どちらにせよ、水素ガスが星の内部でかき混ぜられ、また、星の質量が増したことにより内部の温度・密度が上がり、核融合反応が高速で起こるようになり、表面は高温で青くなったと考えられています。

青色はぐれ星は、球状星団や銀河系中心部のような星がとても混み合った場所に存在する天体です。

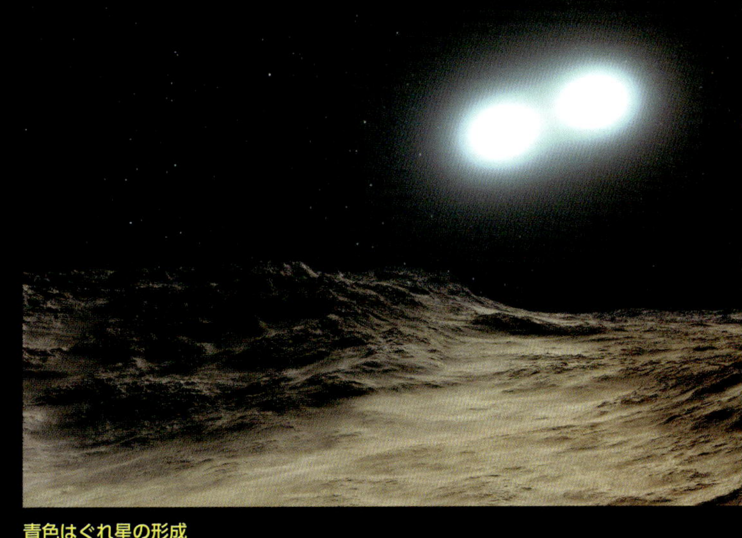

青色はぐれ星の形成
近接連星を作っている2個の星が徐々に接近し、1つに合体した結果、内部で水素がかき混ぜられ、また大質量になったことで中心部の温度が上がり、水素の核融合反応が以前より高速で起こるようになって表面温度が高くなり、星が青くなったと考えられています。

NGC3603
散開星団を伴った散光星雲です。ひじょうに星形成が盛んな領域で、直径 3 光年ほどの領域に数千個の星が輝き、まるで小さな球状星団のようです。星団の星々は強い紫外線を放ち、恒星風を放出して、周囲のガスを吹き払ってしまっています。

球状星団 M4 Globular Cluster M4

年老いた球状星団内には
すでに燃えつきた星が存在する
その温度から星団の年齢がわかる

球状星団は数万～数百万個の星が直径100光年ほどの領域に球状に集まった天体です。周辺部から中心に向かうほど星が密集し、中心部では太陽系近辺の1万倍も星が混み合っています。これほど星が密集していると、地上の望遠鏡では大気のゆらぎの影響で星を1個1個見分けることが難しくなりますが、ハッブル宇宙望遠鏡は大気の外にあるためその影響を受けず、球状星団中心部の星を個別に捉えることが出来ます。

捉えられた星が「白色矮星」ならば星団の年齢が推測出来ます。白色矮星は中心部で燃料となる水素が枯渇し核融合反応を起こすことが出来なくなった天体で、最初は高温ですが徐々に冷えていくだけです。時間と共にどれくらい温度が下がるかが予想できるため、白色矮星の温度を測定することによって星団の年齢がわかります。それによるとM4の年齢は120～130億歳であることがわかりました。

また、多くの球状星団内には、謎の天体「青色はぐれ星」（P87参照）がたくさん存在することがわかりました。これは球状星団内の星が混み合った環境が星の衝突や接近遭遇を高い確率で誘発し、形成された天体だと考えられています。

球状星団内には褐色矮星も見つかっています。質量が小さいため、中心部で水素の核融合を起こすことが出来ない天体です。ただ、それよりさらに小さい惑星は、何度も捜索が行われていながら、どの球状星団にも未だ発見出来ていません。球状星団の星々を形成したガスは太陽系を形成したガスに比べ、重元素が少ないことがわかっていますが、こうした成分が原因なのかも知れないとも言われています。

また、最近の研究によると、銀河系に属する球状星団の約1/4が銀河系外からやってきたと考えられています。銀河系に接近した矮小銀河は潮汐力によって引き延ばされ、やがて長い年月の間に銀河系を球状に取り巻くハロー内へと分散し、密度の高い中心部だけが取り残されて、球状星団になったのではないかといいます。

M4
左はキットピーク天文台の口径0.9m望遠鏡を使って撮影したM4の全体像です。10万個以上の星が集まっています。□で囲んだ領域をハッブル宇宙望遠鏡で撮影した画像が右です。丸で囲んだ星は球状星団内に見つかった白色矮星で、星団の年齢を測定するのに使われます。

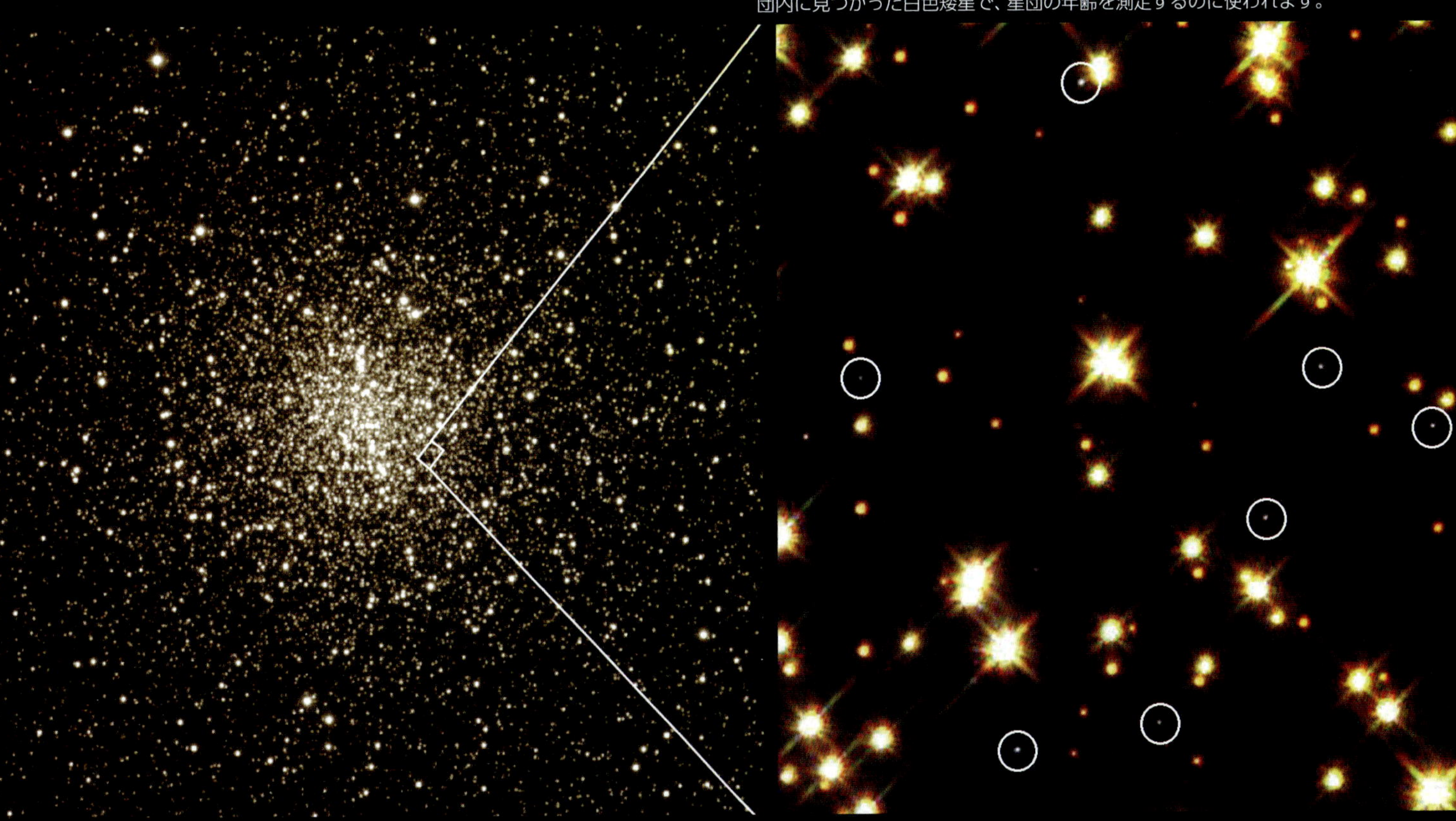

球状星団 Tuc 47 Globular Cluster Tuc 47

きょしちょう座の巨大な球状星団の中心部で星がゆっくり合体し若返る現場を捉える

NGC104です。

明るく見える球状星団で、昔4等星だと思われていたことから、きょしちょう座47番星(Tuc 47)と名づけられました。球状星団だとわかった今も、きょしちょう座47という名前で呼ばれています。直径約120光年の領域に約100万個の星が集まっています。ハッブル宇宙望遠鏡は星々の密集した中心部に多くの「青色はぐれ星」を見つけました。また、ここは系外惑星の捜索が行われた場所ですが、残念ながら1つも発見できませんでした。

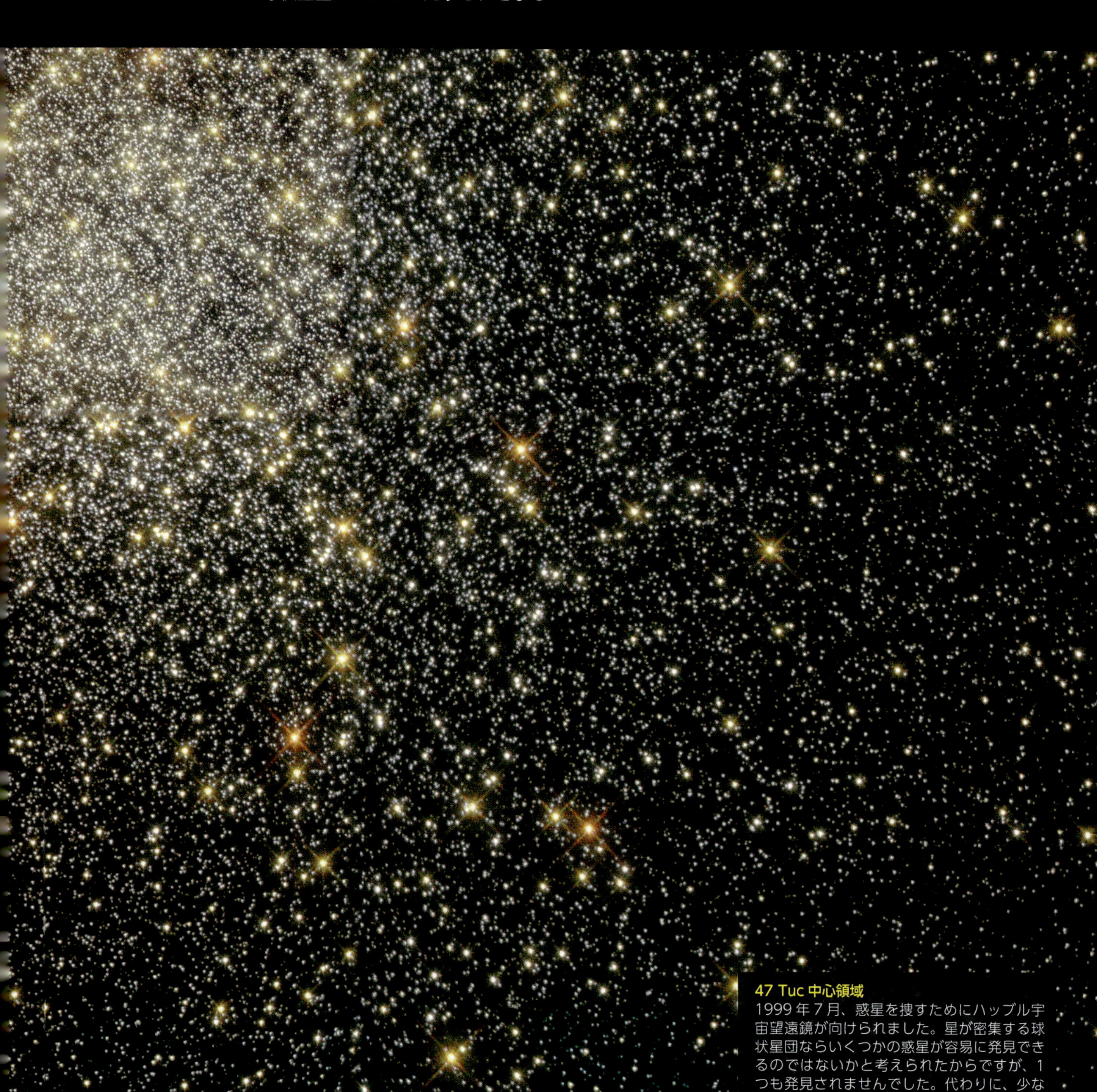

47 Tuc 中心領域
1999年7月、惑星を捜すためにハッブル宇宙望遠鏡が向けられました。星が密集する球状星団ならいくつかの惑星が容易に発見できるのではないかと考えられたからですが、1つも発見されませんでした。代わりに、少なくとも21個の「青色はぐれ星」、たくさんの連星、白色矮星、中性子星が見つかっています。

M22 中心部

いて座にあり、双眼鏡でも見ることが出来る明るい球状星団です。直径約 110 光年の領域に約 20 万個の星が集まっています。画像は中心部の縦横約 3.3 光年の領域です。太陽から隣の星までの距離は 4.3 光年ありますから、いかに星が混み合っているかがわかります。1999 年 2 月から 4 ヶ月にわたり中心部が精査され、いくつもの褐色矮星が発見されました。

オメガ星団中心部

球状星団の中では異例の大きさを持ち、直径約 180 光年の領域に約 500 万個の星が集まっています。中心領域は星が混みあい、正面衝突して出来た「青色はぐれ星」やニアミスによって出来た近接連星系が見つかっています。オメガ星団はかつて、今の 100 倍以上の星々を持った銀河系の伴銀河だったと考えられています。銀河系に飲み込まれ、残った中心部が今のオメガ星団です。

散開星団 NGC265
小マゼラン銀河の南部にある 12 等級の暗い散開星団で、直径約 65 光年あります。

散開星団 NGC290
小マゼラン銀河の中央付近にあり、大きさも明るさも上の NGC265 とほぼ同じです。

NGC346
小マゼラン銀河の中で最も明るい星形成領域で、輝く散光星雲と若い散開星団から出来ています。星雲の直径は約 200 光年あり、星団内の若くて高温の星からの強烈な紫外線と恒星風が複雑な星雲の姿を作り出しています。星雲に重なって約 7 万個の星が輝き、今も星雲の奥深くでは星が形成されつつあります。

惑星状星雲 Planetary Nebula

**小さな青い円盤状にしか見えなかったため
惑星状星雲と名付けられた天体は
百種百様の姿をしていた**

「惑星状星雲」という呼称は、18世紀、ウィリアム・ハーシェルによって初めて付けられました。当時の望遠鏡で観測すると、天王星や海王星に似た青い円盤状の天体に見えたからです。

惑星状星雲は太陽くらいの質量の星が一生の終わりに外層部を吹き飛ばして形成されます。この時放出されるガスは重い星ほど多く、中には質量の80%を放出してしまう星さえあると考えられています。外層部を噴き出して残った星の中心部は収縮し、「白色矮星」と呼ばれるコンパクトで高密度な天体となります。白色矮星は高温で強い紫外線を放つため、放出された外層はこの光によって加熱され光り輝いて見えます。こ

双極性惑星状星雲
2つの正反対方向へ物質が噴き出して形成された惑星状星雲です。星の赤道上空に濃い塵とガスの雲がありドーナッツ状に取り巻いているか、または中心星が連星系で軌道面上に2星を取り巻く雲があるため、その上下方向へ物質が噴き出して形成されたものと考えられています。画像は上の段左から右へNGC6302、NGC6881、NGC5189、下の段はM2-9、Hen3-1475、Hubble5です。

れが「惑星状星雲」です。ただ、惑星状星雲は秒速数十kmの速度で膨張しているため、数万年ほどで希薄となり見えなくなってしまいます。

地上からの観測では、惑星状星雲の形は単純な円形あるいはリング状に見えたことから、星雲を形成したガスの放出は一度だと考えられてきました。しかし、ハッブル宇宙望遠鏡による観測は、始めて惑星状星雲が多様で複雑な形状を持つ事を示しました。リング状をしたもの、フットボール型のもの、双極性、いくつものパターンが組み合わされた構造を持つものなど実に多種多様です。例えば、最も単純な丸い形の星雲でも、内部に細かなパターンが見えたり、何重もの球状構造持っていて、何度もガスが放出され、星が断末魔にあえいだ姿が浮き彫りとなりました。

惑星状星雲は現在1000個以上発見されています。

キャッツアイ星雲（左ページ）
直径は約0.5光年しかありませんが、最も複雑な構造を持つ惑星状星雲だと言われています。星雲の中心に輝く星は現在、1900km/sの猛スピードで恒星風を噴き出し、1秒あたり20兆トン、300万年で太陽1個分の割合でガスを放出しています。中央にあるのは連星で、内1つはウォルフ・ライエ星だと言われています。この種の星はこれまでに数百個しか見つかっていません。とても重い星で、強い恒星風を放出し、外側のガスを自ら吹き飛ばして、エネルギーを生成する層がむき出しになった星です。

NGC7293　らせん星雲
私たちに最も近い惑星状星雲です。今から約1万年前、星から大量のガスが放出されて形成されたと考えられていて、直径は約 2.5 光年あります。星雲を形成した元の星は白色矮星となってリングの中心に輝いています。この星雲では惑星が形成されている（P57 参照）ことがわかり注目を集めています。

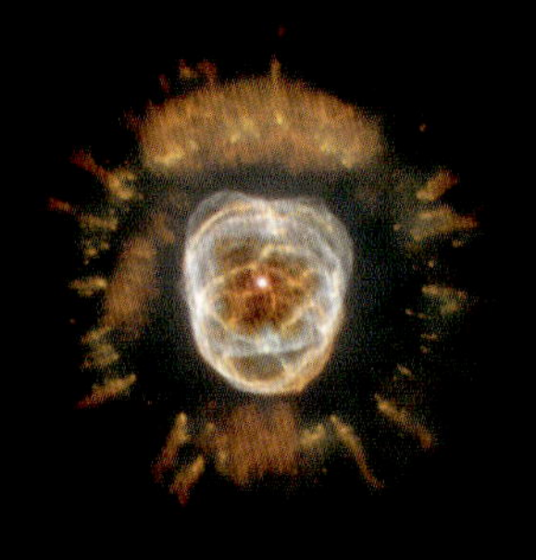

NGC2392 エスキモー星雲
小口径望遠鏡ではエスキモーの顔のように見えるため名付けられました。オレンジ色の放射状に広がるフィラメント構造は惑星状星雲には珍しいものです。約１万年前に形成されました。

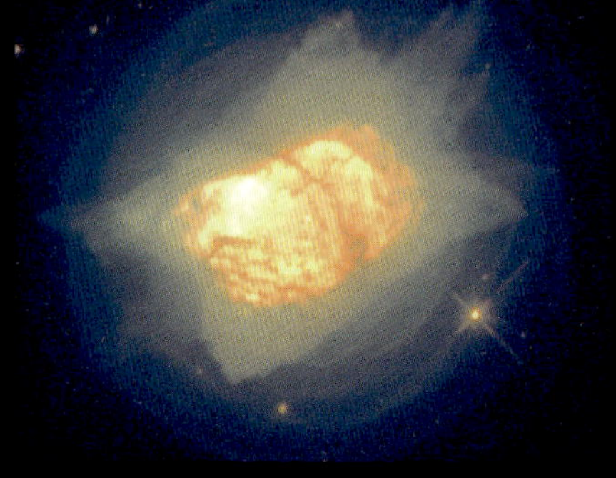

NGC7027
幾種類ものパターンが重なり合った姿の惑星状星雲です。最初にほぼ同心円にガスが放出され、その後、四角く変わり、放出された物質から凝縮された塵がオレンジ色の雲を形成しています。

CRL2688　エッグ星雲
物質を吹きだした星は中央の黒いガスと塵の雲の背後に隠されています。何度も物質が吹きだしシェル構造を形成しています。現在、形成途中の惑星状星雲と考えられています。

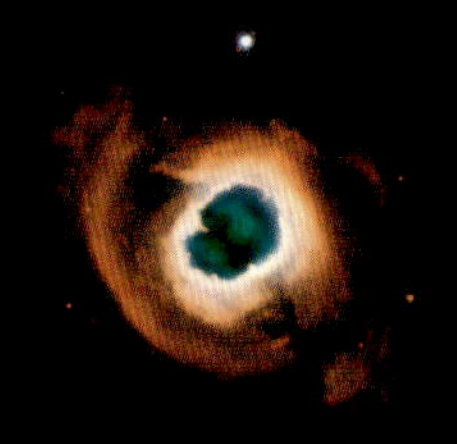

K4-55　コホーテク星雲
まるで渦を巻いているかのような赤いガスの内側に、リング状の構造があり、リングの内側に向かって何本かの突起がつきだしています。大変ユニークな姿の惑星状星雲です。

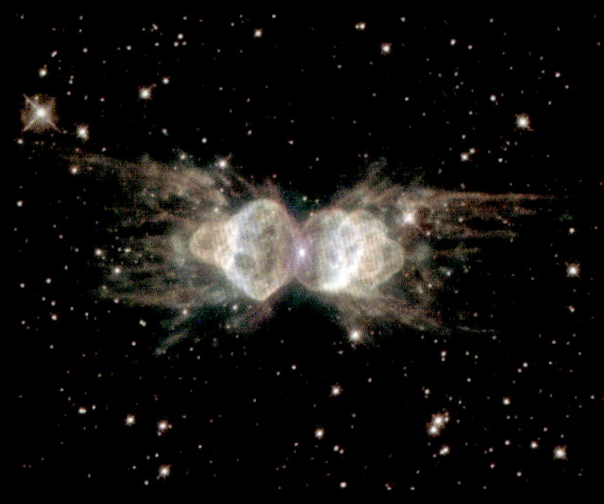

Mz 3　アリ星雲
中心星から高速で物質が放出されていて、奇妙にも流出パターンは若い大質量星のイータ・カリーナ星（P85 参照）に似ていると言います。中心星は近接連星だろうと考えられています。

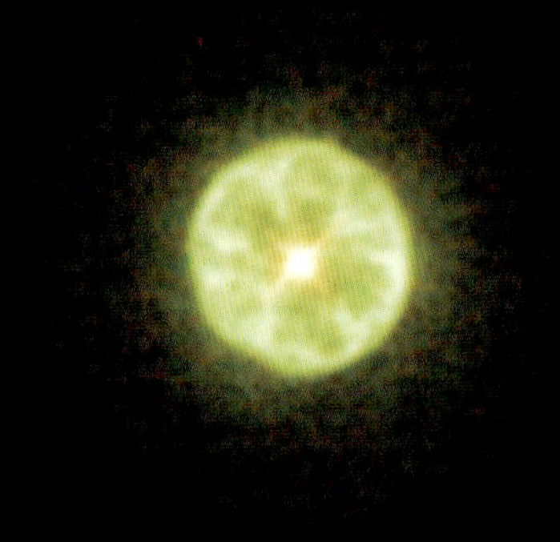

IC3568
とても丸い形の惑星状星雲です。リンゴを輪切りにしたような姿の明るい内側の構造と、暗く一様な外側の構造が存在します。直径約 0.4 光年の小さな星雲です。

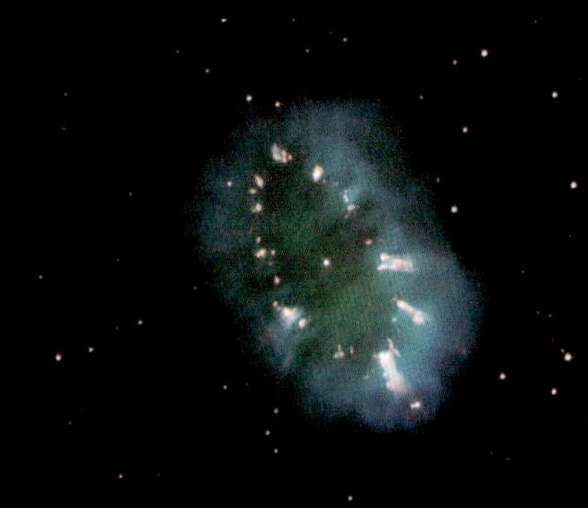

PN G054.2-03.4　ネックレス星雲
１万年ほど前、近接連星の一方の星が膨らんで伴星を飲み込み、伴星は主星の内部を回るようになりました。公転速度が増して、主星の外層が放出され、形成されたものと考えられています。

SuWt 2
明るいリング状構造が星を取り巻いています。しかし、中心の星は白色矮星ではありません。この惑星状星雲を形成した星の中心核は白色矮星となっているはずで、行方不明なのです。

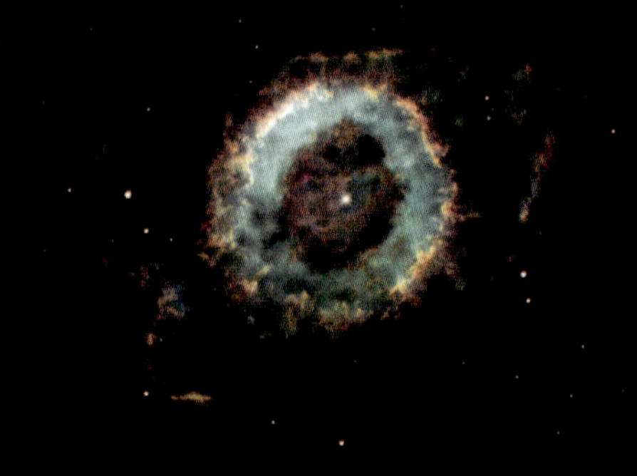

NGC 6369
単純なリング構造ではなく、とても複雑な様相を示しています。明るいリングの直径は約１光年あり、今も秒速 25km ほどの速さで膨張しています。あと１万年くらいは膨張を続けると考えられています。

NGC 2440
中心星の HD62166 は最も高温の白色矮星として知られています。ハッブル宇宙望遠鏡を用いて撮影された擬似カラー画像で、色はガスの成分を示し、青はヘリウム、緑青は酸素、赤は窒素と水素です。

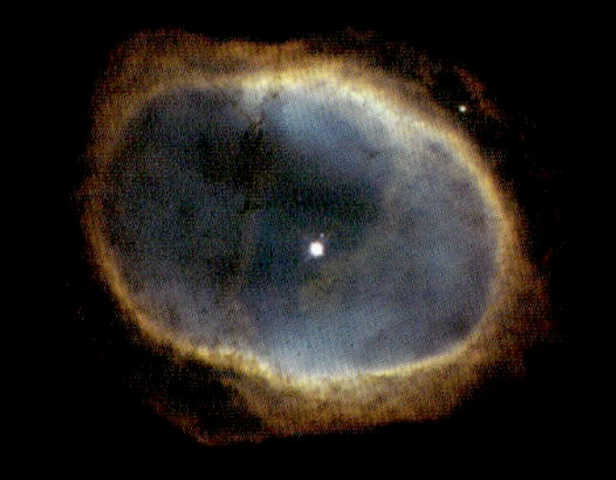

NGC 3132　南のリング星雲
直径が 0.4 光年に満たない小さなリング状の惑星状星雲です。中心に見えている２星のうち暗い方がこの星雲を形成した元の星、明るい方が伴星です。

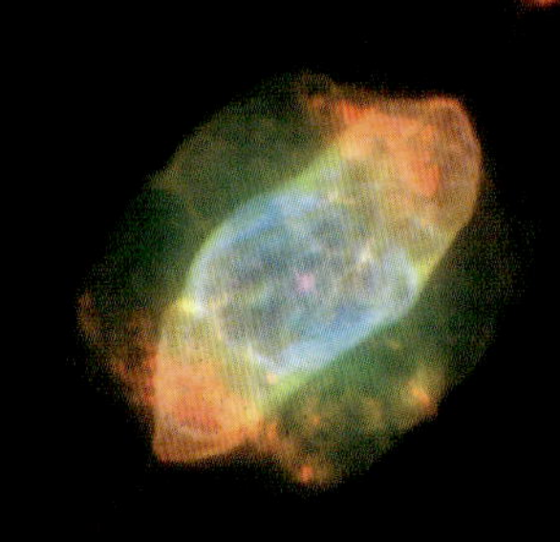

土星状星雲 NGC 7009
フィラメント構造を持つ熱いガスのバブルを、境界のはっきりしない星雲が取り巻いています。２方向へのびる取っ手のような構造は星雲の端から逃げ出す高温ガスの姿だと考えられています。

MyCn18　砂時計星雲
砂時計を斜め上から見たような姿をした、双極形の惑星状星雲です。物資を噴き出したもとの星は星雲の中心からややずれた所に輝いています。なぜずれているのか、その原因は謎となっています。

NGC6751
青い領域は高温で、オレンジと赤は低温領域です。オレンジ色の途切れ途切れのリングが何を意味するのか不明ですが、放射状の構造は中心星からの輻射と恒星風の影響によるものです。

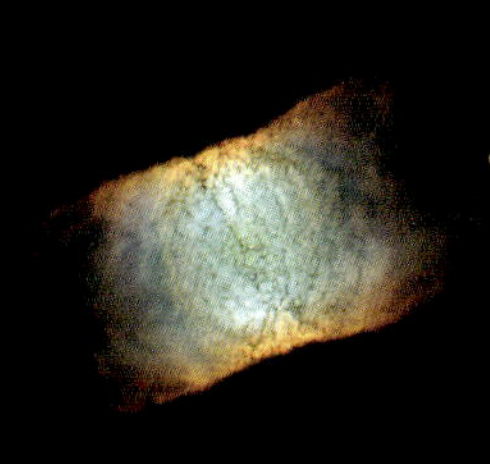

IC 4406
珍しい、長方形の惑星状星雲です。双極形の一種と考えられています。内部に見られる複雑なパターンは他に類が無く、どのようなメカニズムで形成されたか不明です。長さ約 0.5 光年です。

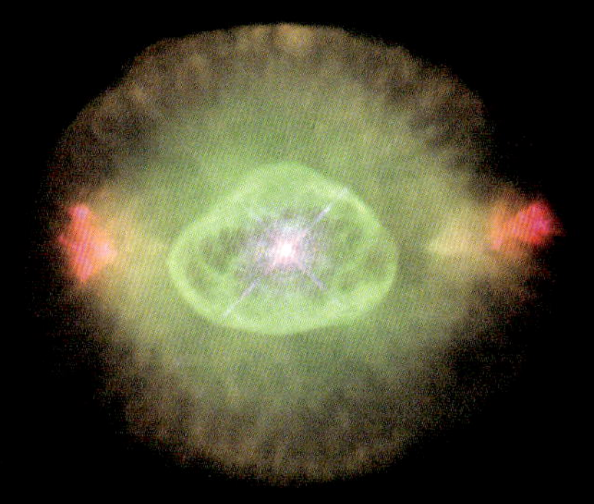

NGC 6826
質量の半分以上のガスを放出して形成された惑星状星雲です。中心の白色矮星から高速で恒星風が噴き出し、ガスに衝突して内側のフィラメント構造が作られました。

レッド・レクタングル
9 等星 HD44179 の周囲に見られる星雲で、星がまだ白色矮星となっていないためガスは星の光を反射して輝いているだけです。数千年以内に星は白色矮星となり、星雲は加熱されて自ら光り輝き、惑星状星雲が誕生します。

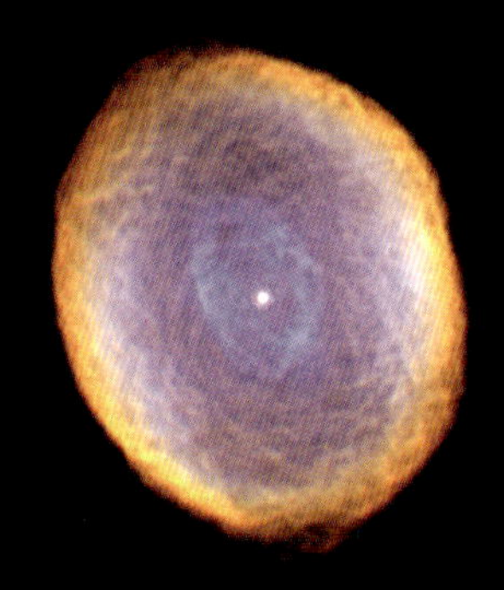

IC 418　スピログラフ星雲
二重の楕円形の構造の中一面にさざ波状の模様が見られます。スピログラフと呼ばれる曲線を描くための定規で描かれたような模様で、どの様にしてこのようなパターンが形成されたか不明です。

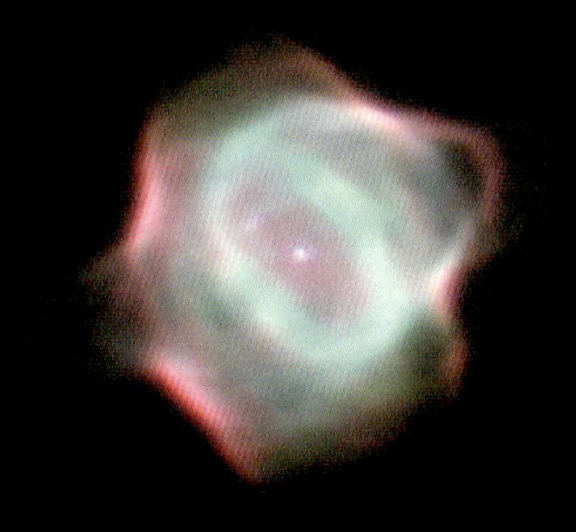

Hen-1357　アカエイ星雲
1966 年に出版された SAO 星表では恒星と表記されていましたが、1989 年に惑星状星雲の存在が観測され、ハッブル宇宙望遠鏡によってその姿が確認されました。生まれたての惑星状星雲です。

He 2-47

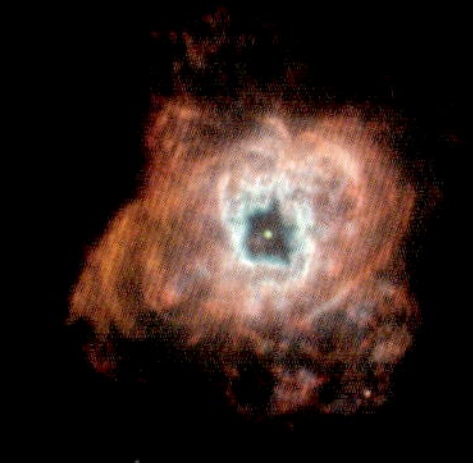

NGC 5315

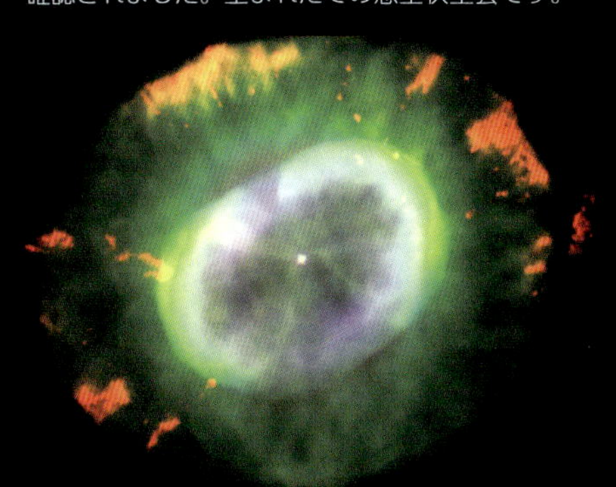

NGC7662　青い雪だるま
口径 30cm 以上の望遠鏡なら青緑の雪だるまのような形に見えるといいます。直径 0.8 光年くらいの大きさです。この画像では、色が青いほど高温で、赤い部分が一番冷たい領域です。

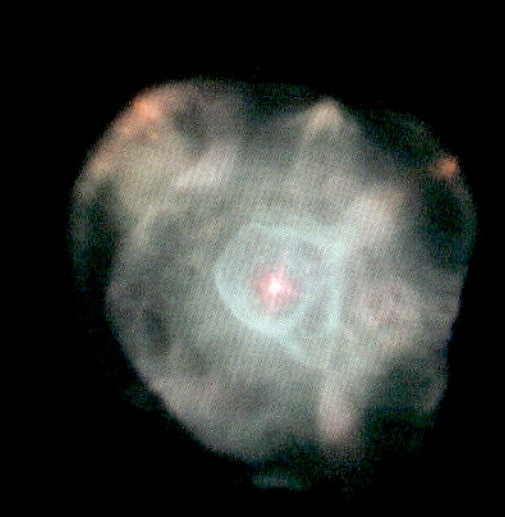

IC 4593

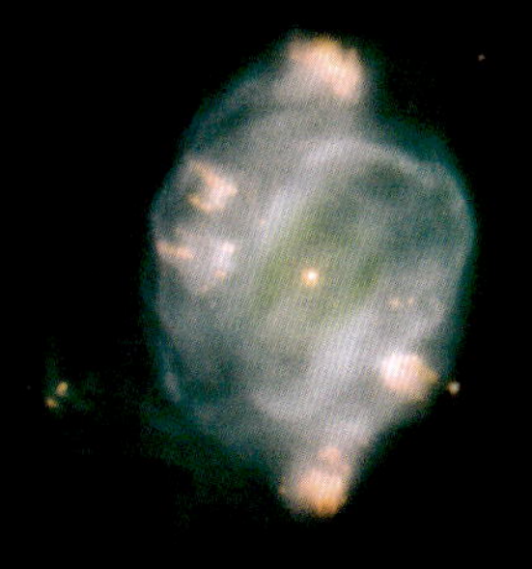

NGC 5307

芸術的な姿の惑星状星雲
上段の He 2-47 と NGC 5315 はまるで花のような形をしていますし、下段の IC4593 と NGC5307 は青緑の外被の中に複雑なパターンが形成されています。赤い星雲は窒素が豊富に存在することを示し、比較的低温ですが、青い星雲は酸素と水素が豊富で、高温の星雲です。画像の大きさは実際の星雲の大きさの大小を示していて、最も大きいのが NGC5307 で直径約 1 光年あります。

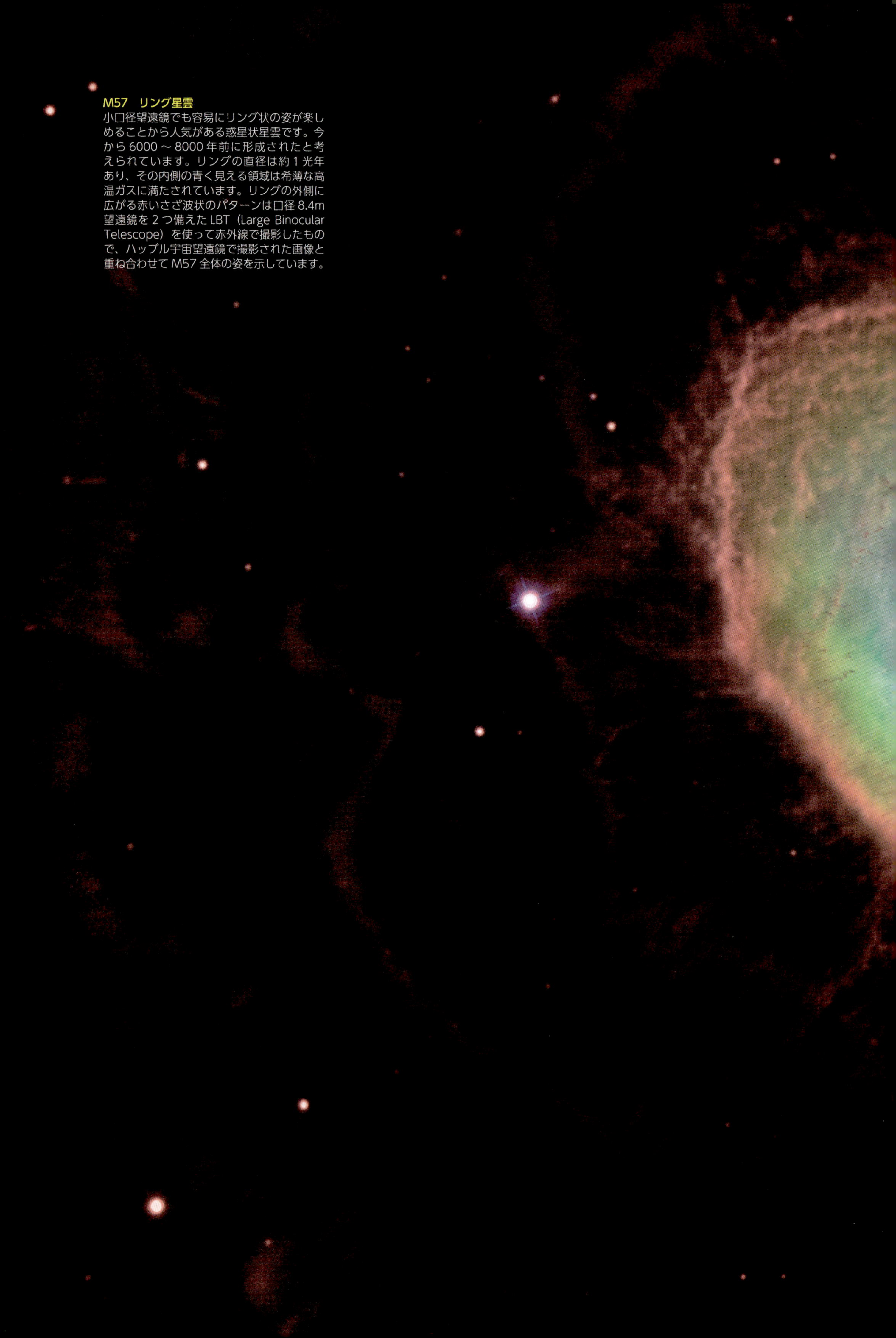

M57　リング星雲

小口径望遠鏡でも容易にリング状の姿が楽しめることから人気がある惑星状星雲です。今から 6000 ～ 8000 年前に形成されたと考えられています。リングの直径は約 1 光年あり、その内側の青く見える領域は希薄な高温ガスに満たされています。リングの外側に広がる赤いさざ波状のパターンは口径 8.4m 望遠鏡を 2 つ備えた LBT（Large Binocular Telescope）を使って赤外線で撮影したもので、ハッブル宇宙望遠鏡で撮影された画像と重ね合わせて M57 全体の姿を示しています。

超新星残骸 Supernova Remnant

星の壮絶な最期
激しい爆風はまわりの星間物質と衝突し
絶妙な造形を作り出す

太陽よりずっと重い星は一生の終わりに大爆発を起こし大部分が吹き飛びます。この時、星は銀河系全体に匹敵するほどの明るさで輝きます。これが「超新星」で、このようなタイプは「II型超新星」と呼ばれます。

このとき飛び散った星の残がいや爆発の衝撃波が周囲の星間物質と相互作用して輝いて見える星雲を「超新星残骸」と呼んでいます。放出された物質は数百万年ほどで宇宙空間へ薄く広がり、見えなくなってしまいます。しかし、星間物質と混じり合い、次世代の星、惑星、そして生命体を作る貴重な材料となります。

この種の超新星爆発の時、星の中心部分は爆発的勢いで収縮し、重さが太陽ほどありながら直径は20kmほどの超高密度な天体「中性子星」やさらに高密度の「ブラックホール」を形成します。

超新星爆発にはもう1種類あります。白色矮星と恒星が近接連星を形成している場合、星から白色矮星に向かってガスが渦を巻きながら落下してゆきます。あまりに大量のガスが降り積もると白色矮星は重さにたえきれず、収縮し、中心部は高温となって核融合反応が暴走し、星全体があとかたもなく粉々に吹き飛びます。これが「Ia型超新星」です。

カシオペヤ座A
約300年ほど前に超新星爆発によって吹き飛ばされた星の残骸が周囲の星間物質に衝突している姿で、1万度くらいの高温ガスです。現在も4000km/sの猛スピードで膨張しており、約10光年の大きさに広がっています。II型の超新星の残骸ですが、内部に中性子星やブラックホールは見つかっていません。

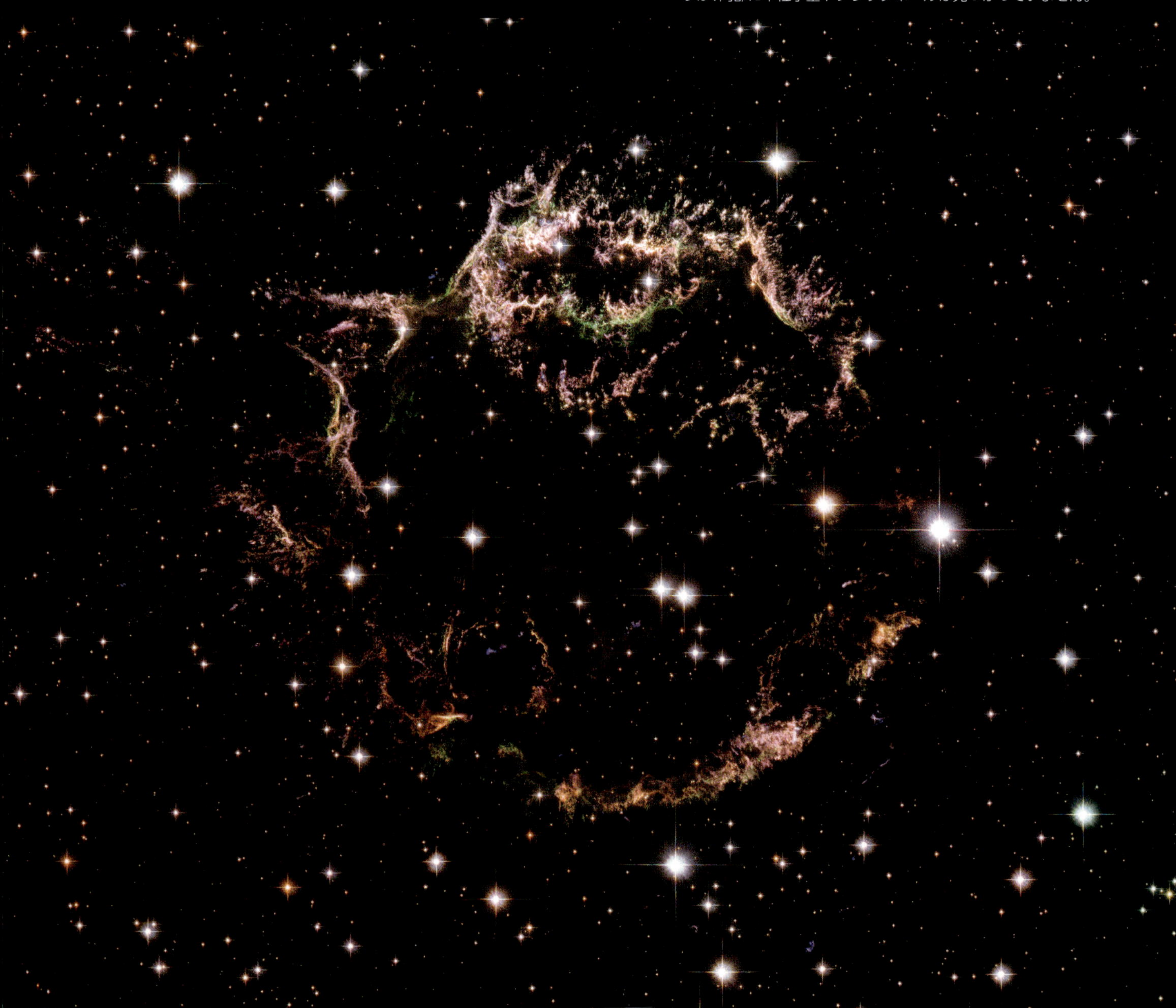

SNR 0509-67.5
17 万光年の距離にある大マゼラン銀河内の超新星残骸で、約 400 年前に爆発したものと考えられています。ぼんやりした緑と青の領域はチャンドラ X 線観測衛星によって撮影された高温物質の存在を示しています。ピンクのシェルはハッブル宇宙望遠鏡によって可視光で撮影されたもので、超新星爆発によって膨張している爆風が周囲の星間物質に衝突して衝撃波を発生させ輝いているものです。Ia 型超新星の残骸です。

N 49（DEM L 190）
大マゼラン銀河の中で最も明るい超新星残骸です。爆発してから約 5000 年が経過していると考えられています。超新星残骸の中心には中性子星が存在し、カニ星雲のように星雲にエネルギーを供給して輝かせています。この超新星残骸は赤外線、エックス線でも明るく輝いて見えます。II 型の超新星の残骸です。

網状星雲
今から 1 万 5000 年前に大爆発を起こして飛び散った星の残骸です。ここには中性子星もブラックホールも発見されていませんから、星全体が粉々になってしまったのでしょう。網状星雲は今も膨張を続けている爆発の破片です。たいへん美しいフィラメント構造は爆風が星間物質に衝突して発生する衝撃波によるものです。色の違いは物質の違いを示しています。青は酸素、緑はイオウ、赤は水素から発せられる光で、宇宙空間に存在する元素の分布がわかります。

M1　カニ星雲

1054年に超新星爆発した姿が目撃された星の残骸です。この時の記録が日本や中国に残っています。大爆発によって砕け散った星の残骸は現在も1500km/sの高速で膨張しており、約10光年の大きさにまで広がっています。

この星雲の中心には大爆発を起こした星の中心核が収縮して出来た「中性子星」が存在します。この中性子星は光、電波、X線のパルスを放っていて、このような中性子星は特別に「パルサー」呼ばれます。カニ星雲内のパルサーの放つエネルギーはカニ星雲にエネルギーを供給し、星雲を輝かせています。

カニ星雲
左は地上の巨大望遠鏡で撮影したカニ星雲の全体像で、白い四角で囲んだ領域が右の画像領域です。フィラメント構造は爆発で飛び散った星の破片、中央に見える青い弓状の構造は中性子星が噴き出す高速粒子が周囲の物質に衝突している所、そのすぐ左にある明るい２つの星のうち下の星が中性子星です。

中性子星周辺
リングの中央の明るい白い点が中性子星（パルサー）で、左右にジェットを噴き出しています。上の中心部拡大画像と同じ領域を捉えており、X線観測衛星チャンドラが撮影した画像（青）とハッブル宇宙望遠鏡が撮影した画像（赤）を重ね合わせたものです。リングはパルサーから噴き出す高速粒子が周囲の物質に衝突している衝撃波面で、時間と共に外側へと広がっています。

網状星雲
網状星雲の異なる一部分を撮影した画像で、美しいフィラメント構造は超新星爆発による爆風が星間物質に衝突して発生した衝撃波によるものです。衝撃波が星間物質を圧縮し、高温に加熱して輝かせています。

網状星雲

はくちょう座にある網状星雲は空さえ良ければ双眼鏡でもぼんやり見ることが出来ます。今から1万5000年前に大爆発を起こして飛び散った星の残骸です。中心に中性子星などは見つかっていませんが、II型超新星の残骸と考えられています。ハッブル宇宙望遠鏡が捉えた画像は、宇宙空間に広がってゆく超新星残骸の姿を詳しく示してくれると共に、衝撃波が通過した宇宙空間の物質の分布も教えてくれます。

SN1987A

1987年2月大マゼラン銀河で起きた超新星爆発により形成されました。中央の淡い不定型の構造が砕け散った星の残骸です。そのまわりを三重のリングが取り巻いています。たくさんの光点を持つ最も明るいリングは超新星爆発による衝撃波が、赤色巨星時代に放出されゆっくり膨張するガスのリング追いつき、衝突して加熱し輝いているものです。淡いリングは、巨星時代に星から放出されたガスが、その後星から噴き出した強い恒星風によって吹き飛ばされ、砂時計のような形になっており、その輪郭が見えているものだと考えられています。II型超新星の残骸です。

E0102

ピンク色の部分は散光星雲N76で星形成領域、そのすぐ近くにある青緑色のフィラメント構造を示しているのが超新星残骸E0102です。実際に2天体は隣り合っていて、N 76の端からE0102まで、わずか50光年ほどです。小マゼラン銀河内のII型超新星の残骸で、爆発したのは約2000年前だと考えられています。

銀　河

G　A　L　A　X　Y

2千億もの恒星と、惑星、星団、そして星雲などを構成する様々な星間物質によって私達の銀河系は形作られています。そして、私達の銀河系の外に広がる広大な宇宙空間には銀河系のような天体「銀河」が数千億〜1兆個以上も存在していると考えられています。

私達の銀河系は周囲に16個の伴銀河を従え、アンドロメダ大銀河など約50個の銀河と直径約600光年の「局部銀河群」を形成しています。この局部銀河群は約5000万光年彼方のおとめ座銀河団を中心に直径約1億光年の「局部超銀河団」を形成しています。

それぞれの銀河は宇宙を構成する基本的な天体と呼ばれています。その容姿や大きさは様々ですが、渦巻く腕を持つ「渦巻銀河」、渦巻銀河の中心核を棒状構造が貫く「棒渦巻銀河」、同じ回転楕円形をしながら、内部の星が中心核の周囲を回転運動する「レンズ状銀河」、ランダムに運動する「楕円銀河」、まとまりのない形容しがたい形の「不規則銀河」、変形したり異常な姿を示す「特異銀河」などに分類することができます。

ハッブル宇宙望遠鏡の活躍によって、それまで見たことのない銀河の詳細な姿が明らかにされると、人々はその美しさに圧倒されました。それぞれの銀河はいずれも個性的で、独自の履歴を持ち、宇宙の様々な変遷をその表情の中に記録しているのです。

銀河の分類 Galaxy Classification

1兆個以上あると言われる
宇宙の主要な構成要素「銀河」
それらは見かけ上
いくつかの種類に分類することができる

たくさんの恒星や星雲、星団から出来た巨大な天体「銀河」の存在が初めて発見されたのは1922年のことです。その後、続々と銀河が見つかってゆき、宇宙に存在する銀河の数は1兆個以上あるとも考えられています。銀河は多様な形をしていて、様々な分類法が考え出されていますが、最も有名なのが、銀河を見た目の形で分類する「ハッブルの分類」です。

これによると、銀河は大きく分けて「楕円銀河」「レンズ状銀河」「渦巻銀河」「棒渦巻銀河」に分類され、これらのどれにも当てはまらないものは「不規則銀河」に分類されます。しかし、近年では、このような分類の範疇には収まらない銀河も見つかってきています。

ハッブルの分類
(110億年前の銀河)
ハッブル宇宙望遠鏡によって非常に遠方の銀河、つまり宇宙の初期の頃の銀河の姿が明らかになりました。これは約110億年前の銀河をハッブルの分類によって分けたものです。渦巻銀河と棒渦巻銀河は、左ほど渦巻腕がきつく中心核に巻き付いた形になっています。宇宙の初期の銀河は、新しい銀河に比べてより小さく、未だ形成段階にあると考えられています。

ハッブルの分類
(現在の銀河)
銀河系近傍の銀河（より新しい銀河）のハッブルの分類です。アメリカの天文学者ハッブルは、銀河をその形から、楕円銀河、レンズ状銀河、渦巻銀河、棒渦巻銀河、不規則銀河に分類し、音叉型に並べました。彼は、銀河が時間と共に左から右へ進化すると考えましたが、現在では形の違いは誕生時の条件の違いによると考えられています。

NGC4449

大マゼラン銀河に似た構造を持つことから「マゼラン型矮小銀河」あるいは「不規則銀河」に分類されます。「矮小銀河」と呼ばれるのは、直径がわずか 2 光年しかなく、銀河系の約 1/5 の大きさしかないからです。青白い若く高温の星とピンク色の散光星雲、黒々とした暗黒星雲が目立ち、大質量星の形成がひじょうに活発に起きている銀河です。このような銀河は「スターバースト銀河」と呼ばれます。

NGC2366
矮小不規則銀河で、大きさは約 1.5 万光年です。右上の青白い領域は星形成領域で、現在星の形成が起きています。また、銀河全体に青い星が散らばっており、比較的最近、銀河全域にわたって星形成が盛んに起きたことを物語っています。上の方、中央右よりに見える黄色い渦巻は後方の銀河です。

DDO 68（UGC5340）
矮小不規則銀河で、銀河全体に青白く若い星が散らばり、ピンク色の散光星雲も見えていて、一見、若い銀河のように見えます。しかし、実は、約 10 億年前に、2 つの銀河が衝突合体したため、星形成が爆発的な勢いで起こり、このような姿を持つようになったなったと考えられています。

矮小銀河と不規則銀河 Dwarf Galaxy & Irregular Galaxy

銀河の中で最も数が多い 小さな銀河と不規則な形の銀河

ハッブルの分類の範疇に収まらない銀河の1つが「矮小銀河」です。直径が2万光年に満たない小さな銀河で、表面輝度が小さいのが特徴です。小さいながら、矮小銀河には楕円形をしたもの、渦巻型のものなど様々な形をしたものが見つかっています。特に、不定形をした「矮小不規則銀河」と、渦巻型と不規則型の中間的な外観を持った「マゼラン型矮小銀河」は数多く見られます。

不規則銀河は若い星と大量のガスからなり、活発な星の形成が見られます。ただ、不規則銀河には、もう1種類あります。それはもともと形が不規則だったのではなく、衝突や相互作用によって形が変形したもので、「特異銀河」、「異常銀河」と呼ばれることもあります。

NGC 5474
矮小特異銀河です。巨大な渦巻銀河 M101 の伴銀河で、M101 の重力の影響を受けてゆがんでいます。青白い塊は若い散開星団で、M101 との相互作用が原因で星形成が起きていると考えられています。この画像では渦巻腕ははっきりしませんが、紫外線で観測すると渦巻構造が出現することから、矮小渦巻銀河に分類されることもあります。矮小渦巻銀河はとても珍しいものです。

UGC 1281
左上から右下へ細長く続く青い星の集合は、矮小銀河をほぼ真横から見た姿です。わずかにゆがんでいます。左下に見える丸い銀河は PGC 6700 で、UGC 1281 よりずっと後方に位置します。

レンズ状銀河と楕円銀河 Lenticular Galaxy & Elliptical Galaxy

縁が不明瞭な楕円形で外見はそっくりだが構造はまったく異なる２種類の銀河

レンズ状銀河と楕円銀河は、共に楕円形をして周辺部がぼんやりして見え、外見はよく似ています。

「レンズ状銀河」は渦巻銀河の腕が全くあるいはほぼ無い状態の銀河で、横から見ると凸レンズのような形をしています。内部の星々は渦巻銀河同様、中心核のまわりを回転運動しています。また銀河内には星間ガスが存在し、銀河面に沿って暗黒帯が見られ、星の形成が起きています。

一方、「楕円銀河」は楕円形または楕円体の形をした銀河で、球状星団のように、中心部ほど星が混み合っています。銀河内の星はランダムに運動しています。内部に星間ガスや若く青い星はほとんど見られません。とても巨大なものから小さなものまで様々な大きさを持つものがあります。

NGC5866
レンズ状銀河を、ほぼ真横から見た状態の銀河です。直径約６万光年あります。銀河の赤道面を横切る暗黒帯が毛糸のように毛羽立って複雑な様相を示していますが、これは星が誕生している証拠だといわれています。

NGC 2787
レンズ状銀河の1つで、直径約4500光年のとても小さな銀河です。1999年にハッブル宇宙望遠鏡を使って撮影され、中心核を幾重もの暗黒帯が取り巻く、不思議な構造が浮かび上がりました。

NGC 524
レンズ状銀河ですが、淡い腕が存在しているかのように暗黒帯が渦巻状に分布しています。渦巻銀河は大量のガスと塵を持っていますが、それらのすべてを消耗したり宇宙空間へ失ったとき、渦巻腕では新たな星を形成することが出来ず、暗くなって行きます。そして最後にこの画像のような姿となり、レンズ状銀河が残されるのではないかという説があります。

NGC 4710
渦巻銀河を真横から見たものです。渦巻銀河はガスと塵を多く含み、それは銀河面にそって濃く集まり、横から見ると太く長い暗黒帯が見えます。このような暗黒帯はレンズ状銀河でも見られますが、楕円銀河には見られません。

NGC 4696（右ページ）
楕円銀河です。楕円銀河には星間物質がほとんど無く、左の渦巻銀河のような暗黒帯は見られません。ところが、この銀河ではひときわ明るい中心部付近に長さ 3 万光年の暗黒帯が見えています。これは、かつて衝突合体した渦巻銀河の名残りなのかもしれません。

NGC 1132

直径約 12 万光年、質量は太陽の約 1 兆倍あり、銀河系の約 5 倍の質量を持つ巨大楕円銀河です。通常、このような巨大楕円銀河は、大小の銀河が 50 個以上集まった銀河団の中にありますが、NGC 1132 は銀河団に属していません。かつて小さな銀河群を形成していたいくつもの銀河が相互作用し合体して作られたものではないかと考えられています。

アンドロメダ銀河　M31 Andromeda Galaxy

私たちに最も近い大型の銀河
HSTによって得られた詳細な画像

アンドロメダ銀河は矮小銀河を除けば、私たちに最も近い銀河です。直径は約26万光年で、私たちの銀河系の2倍以上の大きさがあり、含まれる星の数も銀河系の約2倍で4000億個にのぼります。巨大な渦巻銀河です。中心部には質量が太陽の3000万～6000万倍の超巨大ブラックホールが存在すると考えられており、私たちの銀河系中心核ブラックホールの10～20倍もあります。中心核から約5光年離れた所にもう1つの中心核のように見える明るい天体があり、発見当初は2つ目の中心核だと言われましたが、現在は、超巨大ブラックホールを回る、星が密集している場所だと考えられています。

現在、アンドロメダ銀河は銀河系に向かってきており、40億年後には衝突・合体する運命です。

アンドロメダ銀河
アンドロメダ銀河は渦巻銀河を斜めから見た姿をしています。画像に示したAの部分はP120-121に紹介している領域、BはP122-123に示した領域です。アンドロメダ銀河の右上にはアンドロメダ銀河のまわりを回っている伴銀河NGC205が見えています。左下のアンドロメダ銀河に重なって見えているのは伴銀河M32です。

中心領域（A 領域）

左下の一番明るいところがアンドロメダ銀河の中心核です。中心核を取り巻いて黄色い光が広がっているのは、1 個 1 個に分離できないほど密集した比較的年老いた星々です。中心核を包んで楕円形に広がっていて、このような構造は「バルジ」と呼ばれています。画像の上の方には青い星々が広がっていますが、ここは渦巻き腕領域です。渦巻き腕には星が集まった星団がいくつも見え、また、青い部分がざらざらした感じに見えますが、これはバルジに比べて渦巻き腕は星の密度が低いため、個々の星に分離されているからです。

周辺部（B 領域）
前のページより少し中心核から離れた渦巻き腕領域です。全体がざらざらした感じに見え、1 個 1 個の星に分離されています。星々の中を黒い塵の層が複雑な形の模様を描いています。また、所々に、遠方の小さな銀河が、アンドロメダ銀河のおびただしい数の星の中に透けて見えています。

NGC1672
棒渦巻銀河で、中心部を横切る青い棒状の構造と、棒の両端から伸びる４本の渦巻腕がわかります。青く若い星が渦巻の腕にそって存在し、ピンク色の散光星雲もたくさん見えています。直径は約７万5000光年で、私たちの銀河系より少し小さい銀河です。

渦巻銀河 Spiral Galaxy

大な渦巻構造を持つ銀河 腕の部分ではたくさんの星が誕生している

壮大なイメージをもたらすのが巨大な腕構造をもつ「渦巻銀河」です。明るく膨らんだ楕円形の中心核バルジのまわりに、巨大な渦巻く腕を持っています。バルジは年老いた星が多く黄色に輝いて見え、反対に、若く青い星や星団、星形成領域である散光星雲、星の材料となる暗黒帯が渦巻構造を作り上げています。

渦巻銀河の星々は中心核のまわりを周回運動しています。

渦巻銀河の中には、中心核を貫く棒状の構造を持つものがあり、このようなものを「棒渦巻銀河」と呼びます。棒状構造の先端から渦巻が始まります。

NGC4402
渦巻銀河を横から見たものです。この銀河は、おとめ座銀河団内を疾走しており、画像では左下方向へ突き進んでいます。銀河団内の高温ガスと衝突して冷たいガスや塵がはぎ取られつつあり、上下に伸びるフィラメント構造を形成しています。また、星間物質が形成する円盤部は青い星々が形成する青い円盤部より、両端が上がった弓形にゆがんでいます。

NGC2442
棒渦巻銀河の中心核付近と片方の腕領域のクローズアップです。青く若い星々、赤い散光星雲、暗黒帯が織りなす複雑な模様を見せていて、とても壮大なイメージを与えます。左ページの左下に見える淡く細長い白い帯のような天体は後方の銀河が透けて見えているものです。他にも赤く小さな後方の銀河がいくつか見えています。

M83

明るい棒渦巻銀河で、この種の銀河の中では最も銀河系の近くにあります。直径約４万光年の小さな銀河ですが、赤い散光星雲がひじょうに多く、銀河全域で、「スターバースト」が起きています。それは、太陽質量の10倍以上の重い星が短期間にたくさん生成される現象です。このような大質量星は数千万年で超新星爆発を起こし吹き飛んでしまいます。そのため、超新星の出現頻度が高い銀河としても知られています。

ESO 121-6
ほぼ真横から見た渦巻銀河です。中心部のバルジが最も幅広く明るく、両端にいくに従って幅が狭く暗くなっています。バルジは比較的年老いた星で出来ているので黄色く輝き、腕領域は若い星が多く青く見えています。銀河面にそって暗黒帯が横切っていますが、まっすぐではなく、少しゆがんでいるのがわかります。

変形した銀河 Distorted Galaxy

**様々な過去の歴史と現状を伝える
形がゆがんだ銀河の詳しい姿**

銀河の多くはハッブルの分類で示されているような整然とした姿形をしているのではなく、大なり小なりゆがんでいます。それは銀河のほとんどが単独で存在するのではなく、2～3個が対になったり、銀河群・銀河団（P144参照）という大小のグループを形成しているため、隣の銀河と接近遭遇したり、衝突する機会が少なくないためです。強い引力の相互作用によって形がゆがんだ銀河、近づいた別の銀河を飲み込んで合体しつつある銀河などが数多く観測されています。また、銀河団内に存在する高温ガスの中を疾走して形をゆがめられた銀河もあれば、スターバーストによって不思議な形に変形した銀河も少なくありません。

このような銀河は、銀河系近辺の最近の宇宙より、はるかに遠い昔の宇宙で数多く見られます。

IC 2184
相互作用している２つの銀河です。共にほぼ真横を向いた銀河で、明るい光の帯がぼんやりした光で包まれていますが、これは相互作用によって両銀河から放り出されたガスや星です。また青い領域は相互作用によってスターバーストが起きているところです。

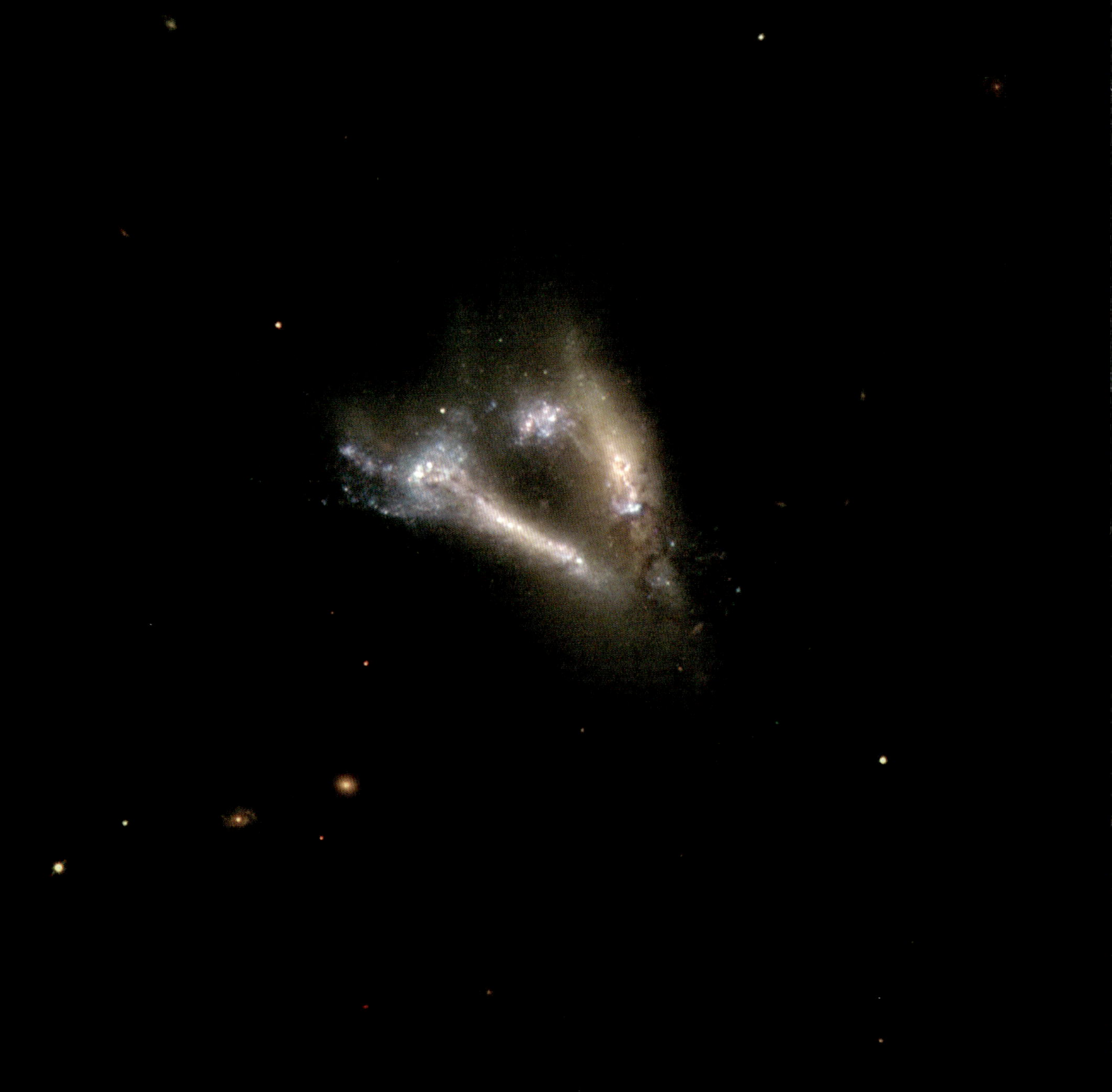

アープ 273
3 億光年彼方にある銀河で、3 つの銀河が相互作用により形がゆがんでいます。上の大きな渦巻き銀河の渦巻腕の間に大きな空間があるのは、下に見えている銀河が垂直に突き抜けた結果だと考えられています。また、上の銀河の右の腕の中に小さな銀河が見えています。その周辺から先の腕が著しく青くなっているのは 2 つの銀河の相互作用によりスターバーストが起きたためだと考えられています。

M82
銀河全体が爆発しているように見えることから注目されてきた銀河です。今から6億年前、M81とNGC3077の2つの銀河と次々に接近遭遇し、相互作用した結果、M82ではスターバーストが起きました。生成された大質量星は数百万～数千万年後には次々に超新星爆発を起こし、銀河内のガスを宇宙空間へと吹き飛ばしてゆきます。爆発しているように見えたのは、吹き飛ばされているガスだったのです。この画像は、可視光で撮影された画像（カラー）に、Hα光で撮影された高温の水素ガスの分布（赤）を重ねたものです。

NGC 922
以前は棒渦巻銀河でしたが、約3億3000万年前に銀河の中心核を小さな銀河が貫きました。もし真ん中を垂直に貫いていれば、リング状の銀河が形成されたことでしょう。しかし、わずかに中心をずれたため、このような形になったと考えられています。衝突によりスターバーストが起こり、若く青い星々、ピンク色の散光星雲が多数生まれています。

NGC 3256
2つの銀河が衝突して形成された銀河です。ガスと星から出来た尾が右下と左下方向に伸び、2つの銀河中心核、不思議な形の暗黒帯を持っています。衝突によりスターバーストが起き、中心部には数百個の若い星団が観測されています。直径約10万光年の巨大な銀河です。

NGC 7714
となりの銀河 NGC7715 と相互作用しており、2 つ合わせてアープ 284 と呼ばれています。2 つの銀河は 1 ～ 2 億年前に接近遭遇し、その結果、棒渦巻銀河だった NGC7714 はひどくゆがめられてしまいました。赤い煙のようなリングを持ち、右上方向に向かってガスと星からなる淡い尾が伸びています。NGC7715 はこの画像の左の外側にあります。

Arp 230
IC51 とも呼ばれています。約 1 億年前、2 つの渦巻銀河が正面衝突した結果形成されたものだと考えられています。衝突により激しいスターバーストが起き、青い星々を形成しました。この画像ではよくわかりませんが、この銀河は 8 つのシェル構造（同心円状の構造）に包まれています。この銀河は楕円銀河になりつつあると考えられています。

Arp 142
中央の奇妙な形の銀河がNGC2936、その下の楕円銀河がNGC2937です。数億年前、2つの銀河は接近遭遇し、もともと渦巻銀河だったNGC2936はすっかり形が変わってしまいました。激しいスターバーストが起き青い星が大量に形成されています。画像の上の方に見える青い銀河は、相互作用している2銀河よりずっと手前にあって偶然同じ方向に見えているだけです。

NGC 6050
渦巻銀河 NGC6050（左）と棒渦巻銀河 IC1179（右）の渦巻腕同士がつながっており、衝突しているところだと考えられています。IC1179 の花火のように放射状に広がった腕では若い星がたくさん生成されています。

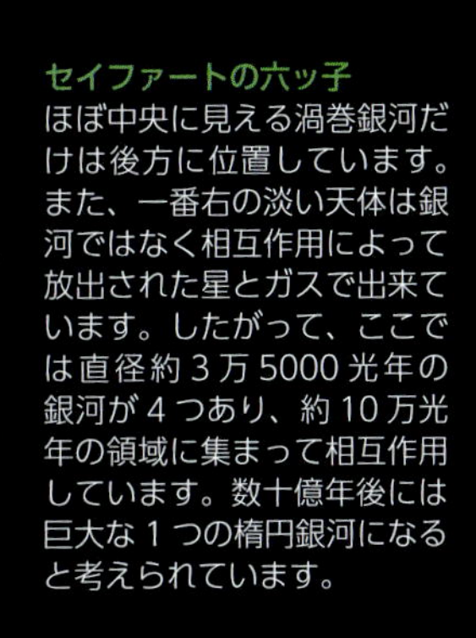

セイファートの六ッ子
ほぼ中央に見える渦巻銀河だけは後方に位置しています。また、一番右の淡い天体は銀河ではなく相互作用によって放出された星とガスで出来ています。したがって、ここでは直径約 3 万 5000 光年の銀河が 4 つあり、約 10 万光年の領域に集まって相互作用しています。数十億年後には巨大な 1 つの楕円銀河になると考えられています。

ESO 137-001
右下方向の一部がくずれたような姿をしています。銀河団の中心（左上方向）に向かって疾走しており、銀河団内部の高温ガスと相互作用して銀河からガスがはぎ取られていると考えられています。

尾を引く銀河 Ripped away Galaxy

高温ガスの中を疾走し
銀河が半分溶け出したような
奇妙な形をしている

棒渦巻銀河ESO137-001は、じょうぎ座銀河団（エイベル3627）に属しています。銀河団内の銀河は、重力で縛られ、銀河団内を約800～1000km/sで運動していますが、ESO137-001は銀河団の中心に向かって、通常の銀河の2倍以上の速度で疾走しているのです。実は銀河団内部には大量の高温ガスが満ちています。そのため、高速で疾走する銀河は高温ガスの抵抗を受け、星間物質は圧縮されて盛んに星を生み出し、また、銀河からはぎ取られたガスや星が、後方に長さ20万光年もの尾を形作っていました。

この銀河はもともと銀河団の外にあったものが、引力によって銀河団の中に引きずり込まれたのではないかといわれています。このようにして銀河団は外部の銀河や物質を取り込んで成長してゆくと考えられています。

長い尾
ハッブル宇宙望遠鏡で可視光で撮影した画像（カラー）に、チャンドラX線観測望遠鏡によって得られた画像（青）を重ねました。銀河が長い尾を引いている姿が浮かび上がっています。この尾は高温ガスと生まれたての星から出来ています。

銀河中心核ブラックホール Supermassive Blackhole

宇宙のすべての銀河の中心核には超巨大ブラックホールが潜む

銀河の中には強い電波を放つもの、高速でジェットを吹き出すものなど激しく異常な活動を示す銀河があります。このような銀河の中心には太陽の数百万倍もの質量を持つ超巨大ブラックホールが存在し、それが激しい現象を引き起こしていると考えられていました。しかし、ハッブル宇宙望遠鏡を使った観測から、上記のような活動銀河中心核だけではなく、銀河系近傍の普通の銀河の中心にも次々に超巨大ブラックホールが見つかってゆきました。そして私たちの銀河の中心にも超巨大ブラックホールが潜んでいることがわかったのです。

現在では、すべての銀河の中心には太陽の数百万から数億倍の質量を持つ超巨大ブラックホールが存在すると考えられています。

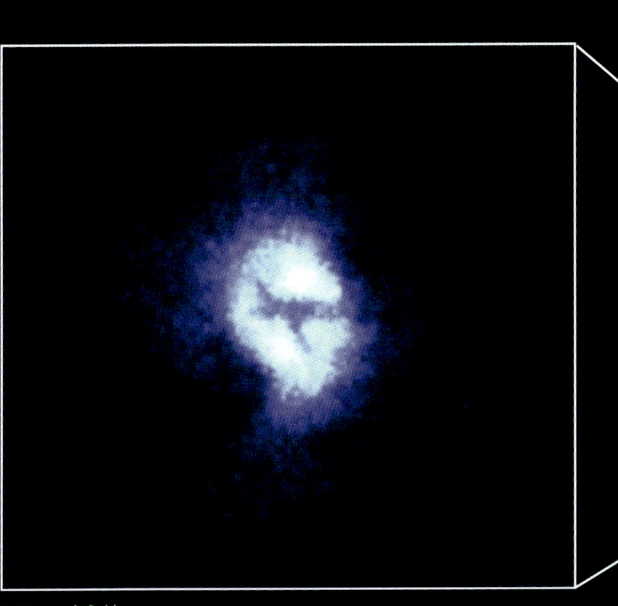

M51 の中心核
M51 は美しい渦巻構造を持つ NGC5194 と形のはっきりしない NGC5195 が 1 本の腕で繋がっているように見える銀河です。2 つの銀河は接近遭遇を繰り返し、相互作用によって、小さい方の銀河は分類が不可能なほどに形が壊されています。
強い電波やエックス線を放つ銀河で、超巨大ブラックホールの存在が予測されていました。
ハッブル宇宙望遠鏡を使って撮影された中心核の画像には、不思議な X 字状の模様が発見されました。これこそ超巨大ブラックホールを取り巻く 2 つの濃い塵とガスのリングではないかといわれています。上下の明るい部分は中心から噴き出すジェットだと考えられています。

中心核に超巨大ブラックホールが存在していると考えられている3つの楕円銀河です。ともに強い電波を放ち、「電波銀河」と呼ばれる天体でもあります。また、中心核からジェットが放出されているのが観測されています。NGC6251は中心核がコンパクトで異常に明るく、活動的な中心核をもつ「セイファート銀河」に分類されています。また、NGC4261の超巨大ブラックホールは中心から20光年ずれていることがわかっており、銀河合体の名残ではないかと考えられています。

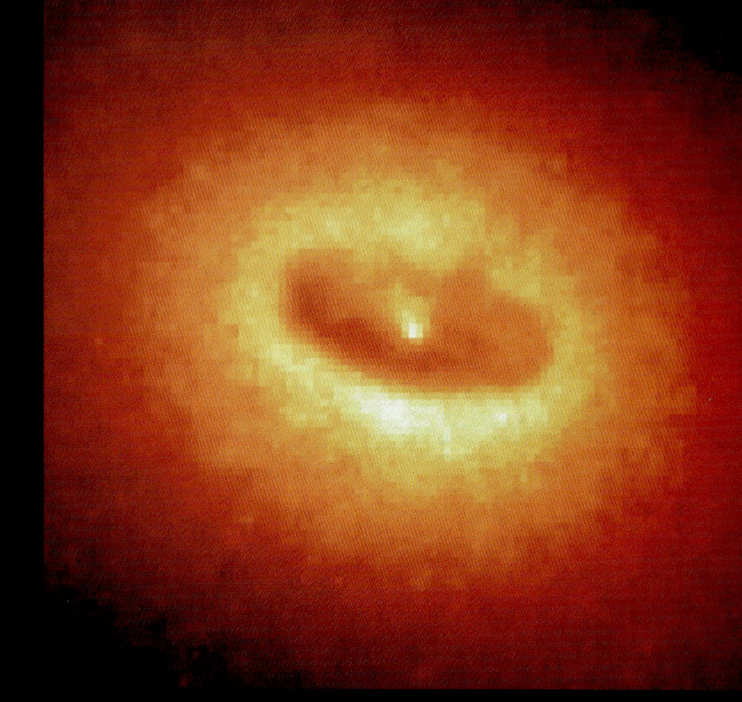

NGC4261
明るく輝くドーナッツ状の塵の円盤は直径約300光年で、中心の光点の奥深くには太陽の12億倍の質量を持つブラックホールが存在しています。塵の円盤はブラックホールに少しずつ飲み込まれつつあり、1億年後には消失すると考えられています。

NGC6251
可視光で撮影した画像と紫外光で撮影した画像（青）を重ねてあります。中央の白い点は中心核に位置する超巨大ブラックホール近くのガスが輝いて見えているものです。そのまわりを塵の円盤がドーナッツのように取り巻いているものの、帽子のつばのようにゆがんでいるため、片方は暗い外側の縁が見えており、青く輝くもう一方はドーナッツの内側の縁が見えているものと考えられています。

NGC7052
銀河中心部では、直径約3700光年の塵の円盤がドーナッツ状に中心核のまわりを取り巻いています。円盤の中心に見える小さな輝く点は、超巨大ブラックホール本体ではなく、このブラックホールの引力によって引き寄せられたたくさんの星々からの光です。超巨大ブラックホールの質量は太陽の3億倍と考えられています。

ブラックホールから ふき出るジェット

銀河中心にある超巨大ブラックホールは周辺のガスや星を飲み込むと同時に、ジェットを放出しています。私たちの銀河系も長さ1万光年くらいのジェットを出していると言われています。しかし、銀河の中には銀河系の何倍も何千倍も質量の大きな超巨大ブラックホールが活発に活動して強いエネルギーを放出しているものがあり、銀河の外まで、強いジェットを放出するものもあります。

ハッブル宇宙望遠鏡の活躍により、銀河中心核付近のジェットの姿が捉えられ、驚くべき詳細な姿が見えてきました。

ヘルクレス座 A
楕円銀河で強い電波を放つヘルクレス座Aの画像で、ハッブル宇宙望遠鏡で撮影した画像（カラー）とVLA電波望遠鏡で撮影した画像（赤）を重ねました。この銀河の中心には太陽の25億倍の質量を持つ超巨大ブラックホールがあります。電波による観測は中心核ブラックホールから放出される、長さ150万光年のジェットの姿を示しています。白い部分ほど強い電波を出しています。ジェットの先端部分はいくつもの泡状の構造を示し、ジェットの噴出が何度も起きたことを示しています。

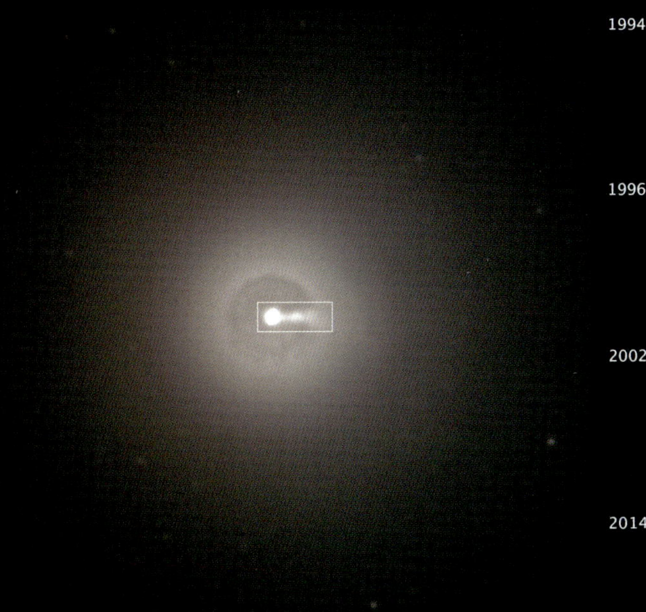

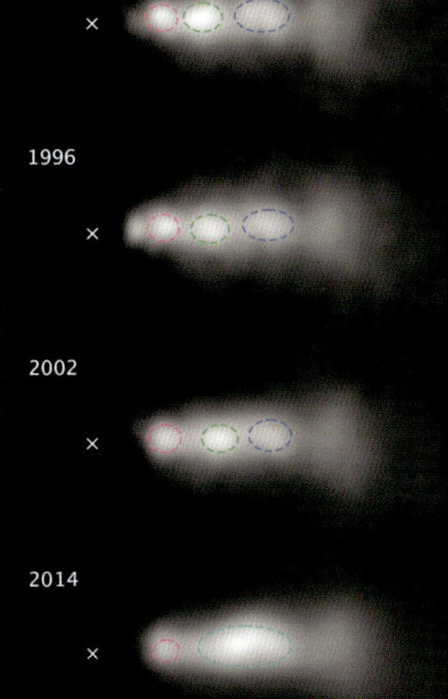

3C 264 (NGC 3862)
左は楕円銀河NGC3862の中心部です。中心にある超巨大ブラックホールから光速に近い速度でジェットが右方向に噴き出しています。四角で囲んだ領域が右図に示されています。1994年から2014年にかけて撮影されたもので、ジェットに沿って移動する光の小塊（赤、緑、青の点線はで囲んだところ）がとらえられています。これらは高エネルギープラズマのかたまりです。2014年、緑の点線で囲んだ高速で移動する小さな塊が、以前に放出され、速度が落ちた青の点線で囲んだ塊と合体した、珍しい現象が捉えられました。

遠方の宇宙

DISTANT UNIVERSE

銀河の分布は大小のグループを基本にして、それらが集まってさらに大きな集団を形作っているというように、段階的に大規模化している階層構造を作っています。小さな集団 は「銀河群」、あるいは、規模の大きい「銀河団」を形成し、それらがいくつか集まって直径１億光年ほどの「超銀河団」を形成、超銀河団は連なって、蜘蛛の巣状、あるいは網の目状の「宇宙の大規模構造」を構成していることが観測事実から分かっています。

しかし、観測される銀河が遠く離れるにつれて、私達は宇宙の過去の姿を見ていることになります。遠方の宇宙の観測は、宇宙の初期の姿を観測することに等しいのです。

宇宙の遠方の観測でクローズアップされてくるのが、見えない物質ダークマター（暗黒物質）や、空間そのものがもつと言われるダークエネルギー（暗黒エネルギー）の存在でしょう。その正体はまだ謎に包まれながらも、それらは実態のあるものとして宇宙の謎の解明に欠かせない要素となっています。

一般相対性理論が予言した「重力レンズ現象」は、ハッブル宇宙望遠鏡によって今日では宇宙の遠方の情報やダークマターの存在を測定する上で欠かせない観測対象となりました。

群れる銀河 Group & Cluster

銀河は集団を形成しそれらが連なって宇宙の大規模構造が形作られている

銀河は、たくさんの恒星や惑星、星間物質などで構成される、とても大きな天体の構造体ですが、それらは重力的に結びついた大小の集団を形成しています。銀河の数が数個～ 50 個ほどの規模のものは「銀河群」と呼び、私達の銀河系は、アンドロメダ大銀河などとともに「局部銀河団」を形成しています。50個以上～ 1 万個くらいの銀河が集まった銀河の集団は「銀河団」と呼びます。現在 1 万個以上の銀河団が確認されています。これら大小様々な銀河の集団は網の目のように分布して宇宙に広がっており、それを「宇宙の大規模構造」と呼んでいます。

銀河団を構成するのは銀河ばかりではありません。銀河団は大量の高温ガスで満たされています。また、銀河団には目には見えない大量のダークマターが存在することがわかっています。

ステファンの五つ子
ペガスス座方向に位置する、小さく集まった 5 個の銀河の集団がフランスの天文学者ステファンによって発見されました。このように、直径 200 万光年ほどの小さな領域に 4 ～ 5 個の銀河が密集して集まっているものを「コンパクト銀河群」と呼んでいます。5 個の銀河は接近し、一見、相互作用しているように見えます。しかし、実は NGC7320（左上の渦巻銀河）は他の銀河より手前にあり、偶然同じ方向に見えているだけだけだと考えられています。他の 4 銀河は実際相互作用していることがわかっています。

*HCG 7
これはハッブル宇宙望遠鏡によって撮影されたHCG7の一部です。ここには近接した1つのレンズ状銀河（右上）と2つの渦巻銀河が写っています。その間に見えるたくさんの銀河は遙か彼方のものです。このような小さな領域で強く結びついた銀河は、銀河が密集した場所とは異なる進化をするため、その観測は重要です。ハッブル宇宙望遠鏡の画像から得られた銀河内の300に及ぶ若い星団と150の球状星団の観測から、銀河の中心では星の形成が非常に早く行われていて、他は星の形成率が時間を通してかなり安定していることがわかりました。また、さらなる研究結果は、銀河内の恒星が、銀河間の重力の影響無しに形成されていることをほのめかしています。

*HCG は Hickson Compact Galaxy Groups の略で、カナダの天文学者ポール・ヒクソンが1982に発表したコンパクト銀河群のカタログ番号です。

Abell 3627, ESO 137-002
南のさんかく座とじょうぎ座の境界の領域を捉えたものです。散りばめられた前面の星々の背景には、たくさんの銀河が写っています。
ここは私達に比較的近い場所にある強い重力源「グレートアトラクター（宇宙の大規模構造を構成する非常に大きな銀河団と考えられる)」の方向で、この画像には、その関連性が研究された「じょうぎ座銀河団 Abell 3627」の一部が写っています。この画像にある最も大きな銀河はESO137-002です。この領域は天の川の中心付近なので、星や星間物質に遮られて、可視光ではその背後にある銀河を捉えることができません。これはハッブル宇宙望遠鏡のACSカメラを使い、青色光と赤外線を使って撮影したものです。

HCG 16
この画像は劇的な星の形成や銀河同士の合体などが起きているHCG16の一部を捉えたものです。ここに写っている明るい銀河は左からNGC 839、NGC 838、NGC 835、NGC833でグループには他に3つの銀河が含まれます。間に見える小さな銀河ははるか遠方に位置している他の銀河です。

Extended Groth Strip（EGS）の部分拡大（左ページ）
北斗七星の近くの1.1°×0.15°の細長い領域を撮影したEGSの一部、面積比で約1/30のエリアを部分拡大した画像です。ここに見えている銀河の一部はグループを構成しており、ランダムに散らばっているものもあります。遠い（若い）銀河からの成長の過程を見るとともに、銀河の分布、ダークマターの分布を調べることができます。

かみのけ座銀河団

かみのけ座方向に位置する銀河団で、1000個以上の大型銀河と1万個を超える矮小銀河が集まった、ひじょうに銀河の密度の高い銀河団です。銀河団内に見られる銀河の多くは楕円銀河やレンズ状銀河で比較的年老いた星から出来ています。

2つの巨大な楕円銀河NGC4874とNGC4889を中心に銀河が集まっています。2大銀河に向かって銀河の集中度が高くなっているのが特徴です。かみのけ座銀河団のような銀河の密度の高い銀河団では、銀河どうしの衝突や接近遭遇による引力の影響で変形した銀河が多く見受けられます。

かみのけ座銀河団の中心部はほとんど楕円銀河やレンズ状銀河（黄色い銀河）ばかりですが、周辺部には渦巻銀河（青い銀河）も存在しています。

かみのけ座銀河団の外縁部

この画像は、かみのけ座銀河団の中心から1/3ほど外側の領域です。ACSによって撮影されたもので、横約170万光年の領域が捉えられています。赤い周辺がぼんやりした銀河はみんなレンズ状銀河や楕円銀河です。左上には唯一青い銀河が見えています。これは渦巻銀河で、青い腕の中に赤茶色のチリの雲が存在しており、かつてこの銀河が相互作用によってゆがめられたことを示しています。

パンドラ銀河団 Abell 2744

ちょうこくしつ座の方向約 35 億光年の距離にあり、過去に観測された中で最も複雑で大規模な銀河団同士の衝突現場です。ここには少なくとも 4 つの銀河団が 3 億 5000 万年の間に次々と玉突き衝突したことが明らかになりました。これまで、ハッブル宇宙望遠鏡の他にいくつかの地上にある大型望遠鏡やチャンドラ X 線観測衛星などを駆使して多角的な観測が行われ、この複雑な衝突現象がもたらした様々な現象や未知の現象が発見されました。また、ここに見られる多くの重力レンズ効果から、ダークマターの測定が行われました。その結果、ダークマターは衝突に影響されずにそのまま通過していることがわかっています。2011 年 6 月に ACS で撮影した、青色光～近赤外光の 3 種類の波長から作成された画像です。

銀河団と重力レンズ Galaxy Cluster & Gravitational Lens

重力による天然のレンズを用いた新たな観測法
HST フロンティア・フィールド観測プログラム

1916年、アインシュタインは一般相対性理論を発表し、その中で、質量は周囲の空間をゆがめると述べました。そして、それをもとに、1936年、「重力レンズ」の存在が予言されました。大きな質量を持つ星や銀河は空間を歪めるため、その後方に位置する天体からの光は曲げられ、複数の虚像が見えたり、弓状に変形した像が見えるというのです。実際に重力レンズによって作り出された天体が発見されたのは1979年になってからでした。ハッブル宇宙望遠鏡が稼働を始めると、その圧倒的な解像度によって重力レンズ天体が次々にと発見されることとなりました。

重力レンズ効果によってゆがめられた遠方の天体の虚像を観測することにより、重力源である天体（銀河団など）の実際の質量が測定できるため、見えない物質「ダークマター」の存在を測定する最も有力な方法として活用されています。

また、遠方の銀河やクエーサーの姿を歪めるだけでなく、凸レンズのように後方の光を増幅し、最大1000倍以上も明るく見せてくれます。また、大きさも引伸ばしてくれますから、本来なら見えない遠方の天体を見ることができます。そのため「自然の望遠鏡」とも呼ばれ、遠方の天体を探る最新の観測手段として活用され始めています。ハッブル宇宙望遠鏡と重力レンズを用いた観測プログラムが「HST フロンティア・フィールド観測プログラム」です。

Abell 2744 の最新画像
2014年1月にACSとWFC3を用い赤外光を中心にした7つの波長によって撮影された高解像度画像です。同じAbell 2744を撮影した左ページの画像と比較するとその違いがよくわかります。重力レンズとハッブル宇宙望遠鏡の性能を利用した「HST フロンティア・フィールド観測プログラム」で得られた最初画像です。銀河団の銀河の間には、重力レンズ効果で円弧状にゆがめられたたくさんの遠方の銀河が写っています。ここに見られるパンドラ銀河団の重力レンズ効果を称して「パンドラの拡大鏡」などと呼ばれています。

重力レンズとダークマター Gravitational Lens & Dark Matter

重力による空間のゆがみから見えない物質ダークマターを検出する

私たちの住む宇宙には、星や銀河などの光り輝く天体とは異なり、光を出さず反射することもない暗黒物質「ダークマター」が存在しています。それは目に見える物質の7倍もの量があることがわかっています。ダークマターは望遠鏡で直接見ることはできませんが質量を持っているため、周囲の時空をゆがめます。特に大型の銀河団は、見えている物質の量もそうですが、膨大な量のダークマターを含んでいるため、周辺の空間を強くゆがめ、背後にある天体の像を大きく変形させます。その状態を詳しく調べることによって、天文学者は見えない物質ダークマターの量と分布を知ることができるのです。

Abell 1689
黄色く周辺部がぼんやりして見える天体は銀河団Abell 1689を構成する銀河で、2700個以上あるとみられています。重力レンズ効果を受けた遠方の天体が銀河団を中心とした細い円弧状を描いてたくさん見えています。

MACS J1206.2-0847
約 45 億光年彼方にある銀河団で、黄色い楕円銀河や青い渦巻銀河が集まっています。中心の巨大楕円銀河を取り巻く円弧状の光は、後方の銀河からの光が銀河団の重力でゆがめられたものです。この画像は、重力レンズを使ってダークマターの分布を探る CLASH（Cluster Lensing And Supernova survey with Hubble）と呼ばれる多波長でのサーベイの結果得られました。

MACS J0717.5+3745 の周辺

長辺が月の直径の半分にも及ぶこの巨大な画像には、銀河団 MACS J0717.5+3745（右ページに見える、オレンジ色の銀河の大集団）と、その周辺の銀河が写し出されています。これは ACS で撮影した 18 の画像をつなぎ合わせて作成したものです。ここから検出された重力レンズ効果によって、天文学者は銀河団から伸びている暗黒物質のフィラメントの存在を明らかにしました。そして地上の望遠鏡を用いたさらなる観測によって、フィラメント構造の 3 次元マップの作成に成功しました。

MACS J0717.5+3745 の周辺のダークマター
前ページの画像で検出された重力レンズ効果から重力源の質量を求め、ダークマターの分布を算出したものです。青〜白に従ってダークマターが濃く分布し、重力源が強いことを示しています。ダークマターが集中する MACS J0717.5+3745 が、フィラメントの接点（網の目構造の結び目）に相当します。

ダークマターによるフィラメント構造

ビッグバン理論によれば、宇宙膨張とともに物質のムラがフィラメント状の構造を作り、それが連なって蜘蛛の巣状、あるいは網状の構造が出来、そこで形成された銀河によって宇宙の大規模構造が構築されたと考えられています。そしてフィラメントの接点（網のつなぎ目）には、多くの物質が集まり、巨大な銀河団が形成されるといいます。しかし、そのフィラメントはダークマターで出来ているため、検出は非常に困難だとされてきました。

ハッブル宇宙望遠鏡によるこの広大で非常に高解像度の画像から、天文学者は多くの重力レンズ天体を検出し、そこからダークマターによる長大なフィラメント構造を見つけました。また、地上の大望遠鏡などの観測と合わせ、それぞれの銀河の距離を詳しく調べることによって、フィラメント構造の立体的な分布が明らかにされました。

その規模は、長さが6000万光年にも及び、これまでシミュレーションなどで予測されていた規模をはるかに超えるものでした。また、今回のフィラメントが、巨大な銀河団（網の結び目）から伸びる平均的なものだとすれば、その質量も理論値よりも大きな値となり、宇宙の物質の半分にいたる量が、このような構造の中に隠されているのかも知れないといいます。

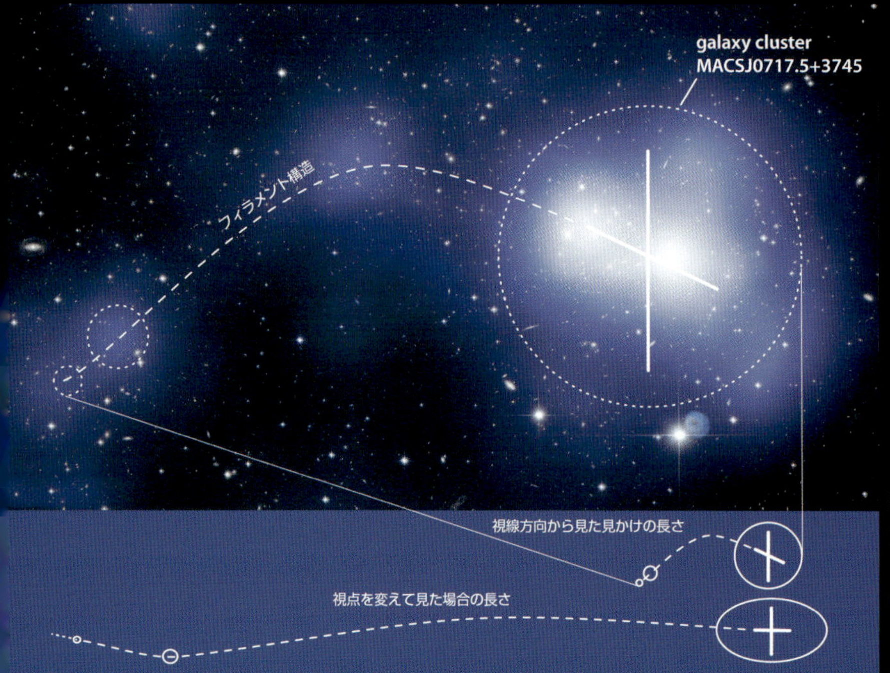

フィラメントの立体構造
銀河団 MACS J0717.5+3745 とその周囲の銀河の距離の測定から、ダークマターの分布を立体的に捉えることができます。実際のフィラメントの長さは6000 万光年にも及び、視線方向に見ていた長さに比べ 5 倍もの長さがあることがわかりました。銀河の距離の測定には地上の大型望遠鏡が利用されました。

Abell 68
赤外光で撮影されたアベル 68 銀河団とおびただしい数の重力レンズ天体が認められます。重力レンズ効果は、遠方の微かな天体を増幅し、ハッブル宇宙望遠鏡の能力を高めてくれます。右下と左上にみえるぼんやりした光の集まりは銀河の群れで、それぞれが数千億個の星と膨大な量のダークマターを含んでいます。その間に見られる変形した銀河は、それらの銀河団の重力によってゆがめられた遠方の銀河の虚像です。

MACS J1149+2223 と超新星
しし座方向にある銀河団 MACS J1149+2223 の中に見つかった超新星を示しました。
超新星は同一のものが重力源のまわりに 4 つ見える、いわゆる「アインシュタイン・クロス」（P165 参照）という現象です。

光の時間差から宇宙の膨張速度を知る

銀河団の重力によって曲げられた光は、異なる距離を旅して地球にやってくることがあります。その時間差を観測すれば、光が進む間にどれくらい宇宙が膨張したかという「宇宙膨張の正しい速度」がわかるに違いないと天文学者は考えています。

上の画像に見えるアインシュタイン・クロスとして現れた超新星の光は、ほぼ最短で地球に届いたと考えられます。このまわりにははるかに大きな重力を持つ銀河があるため、それらに大きく曲げられた光は、だいぶ遅れて地球に届くに違いありません。宇宙膨張の正確な測定は、これからの宇宙がどのような運命をたどるかを教えてくれる重要なデータとなるでしょう。天文学者は、遅れた光の到着を待ち続けています。

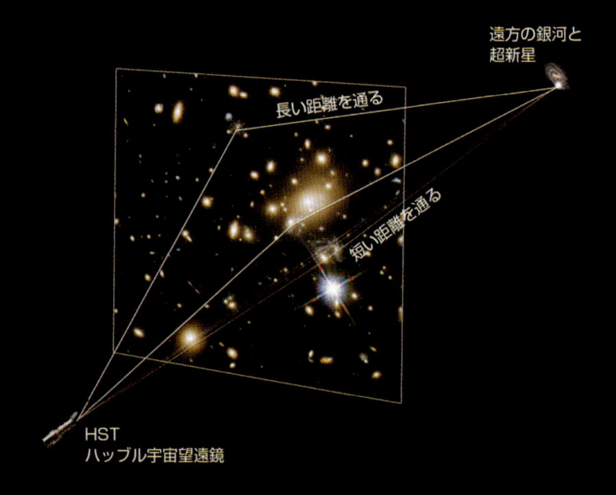

時間差と宇宙の膨張
アインシュタイン・クロスは、超新星からの光が最短で地球にとどきますが、他の大きな重力源にゆがめられた光は、大きく曲げられ、より長い空間を旅して地球に届きます。つまり遅れてやってくるのです。

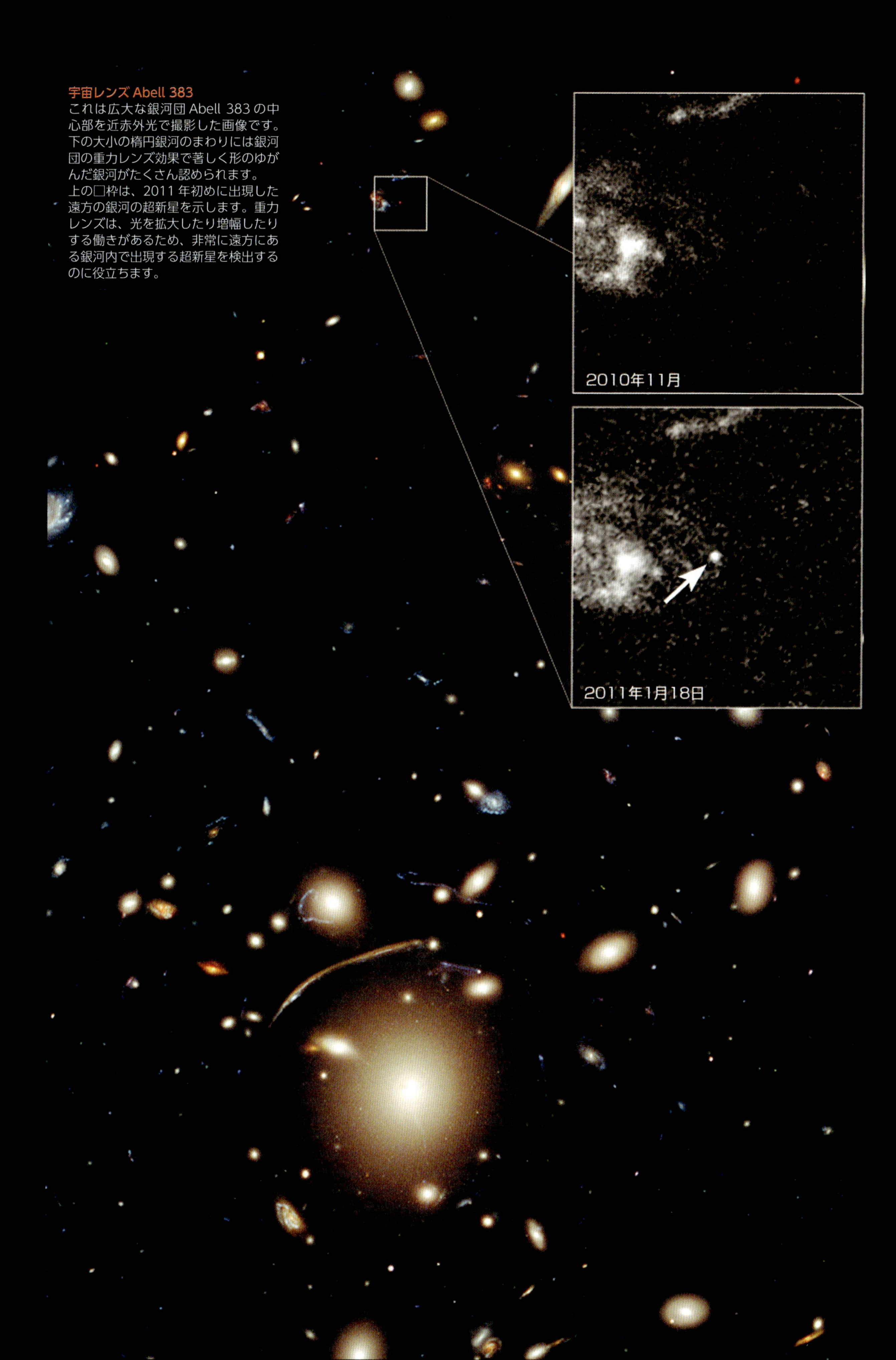

宇宙レンズ Abell 383
これは広大な銀河団 Abell 383の中心部を近赤外光で撮影した画像です。下の大小の楕円銀河のまわりには銀河団の重力レンズ効果で著しく形のゆがんだ銀河がたくさん認められます。
上の□枠は、2011年初めに出現した遠方の銀河の超新星を示します。重力レンズは、光を拡大したり増幅したりする働きがあるため、非常に遠方にある銀河内で出現する超新星を検出するのに役立ちます。

銀河団 MCS J0416.1–2403

この銀河団はハッブル・フロンティア・フィールド・プログラムで研究されている6つの領域のうちの1つです。このプログラムは、重力レンズ効果を利用して巨大な銀河団内の質量の分布を明らかにするとともに、重力レンズ効果を利用して通常は見えないほど遠方の暗い銀河を観測しようというもので、ハッブル宇宙望遠鏡、チャンドラX線宇宙望遠鏡、スピッツァー赤外線宇宙望遠鏡を使って研究が行われます。研究チームは重力源となっている銀河団によって増幅され、曲げられた遠方の銀河の画像を200以上発見し、これまでにない精度で銀河団の全質量を測定しました。それによると、この銀河団は直径65万光年の領域に太陽の160兆倍の質量を持っています。

質量分布

銀河団 MCS J0416.1-2403 の質量分布を青で示しました。暗い部分ほど物質が少なく、明るい部分ほど質量が集中していることを示しています。これは、重力レンズ効果から重力源の質量分布を導きだし、得られたものです。銀河がある場所だけでなく周囲に質量が集まっているのがわかります。

大きな質量によって生じ、アインシュタインリングや多重像を造り出すような強い重力レンズ効果は巨大な銀河団のメンバーや銀河団の中心における質量を正確に与えてくれます。一方、多くの天体からのデータを集めることによって始めてわかるような弱い重力レンズ効果は銀河団周囲の質量について価値のある情報を与えてくれます。

コズミック・ホースシュー
赤い楕円銀河の周りに青い馬蹄形の銀河が見えています。これは、アインシュタイン・リングの良い例だと考えられています。明るく赤い銀河は私たちの銀河系の100倍くらいの質量があり、強い重力で、後方にある銀河の光を増幅し、ゆがめています。現在宇宙は138億歳ですが、この青い銀河は宇宙が誕生してからまだ30億年しかたっていない頃に存在した銀河の姿です。

アインシュタイン・リング Einstein Ring

後方の天体、前景の強い重力源
地球が一直線に並ぶとき
銀河がリング状に見える

重力レンズ効果の特殊な例がアインシュタイン・リングです。アインシュタインが1936年に理論的に存在を予言しました。遠方の天体が手前の銀河の重力の影響を受けて、弓状ではなく、リング状の虚像を作ったものです。重力レンズ効果を及ぼしている銀河が周囲にリングを持っているように見えます。

このような現象が見られるのは、遠方の天体と重力レンズ効果を及ぼす大質量天体と地球が一直線に並んだときのみです。非常に確率が低く、珍しい現象で、この種の天体が発見されたのは1998年になってからのことです。

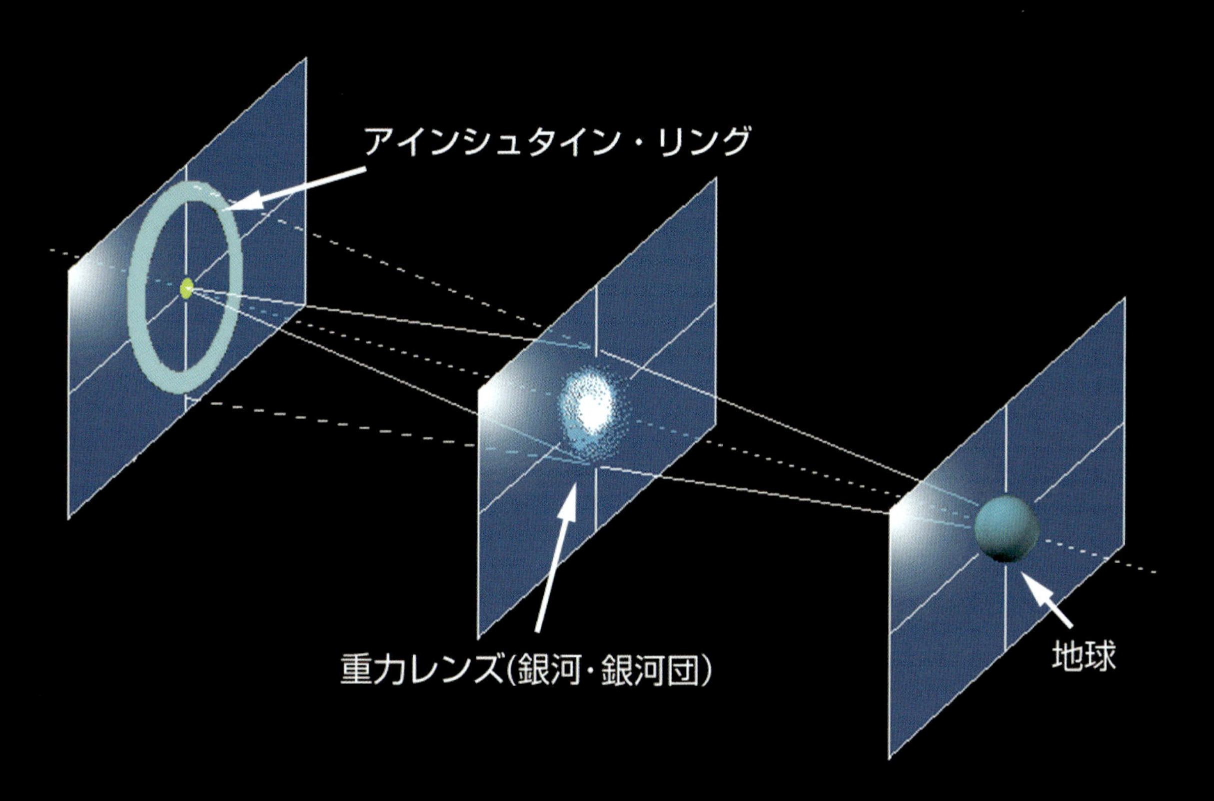

アインシュタイン・リングの仕組み
遠方の天体、大きな重力源、地球が正確に一直線に並んだ場合、通常は遠方の天体の姿を見ることはできません。ところが、真ん中に位置する天体の重力が強ければ後方の天体からの光が曲げられ、重力源の周りにリング状の虚像を作ります。これがアインシュタイン・リングです。地球から見ると中間に位置する天体の周囲をリングが取り巻いて見えます。

ダブル・アインシュタイン・リング
重力レンズ SDSSJ0946+1006 をハッブル宇宙望遠鏡で撮影したところ、二重のリングを持っていることがわかりました。リングの中心にある楕円銀河は私たちから 30 億光年の距離にあり、内側の明るいリングを作っているのは 60 億光年の距離にある銀河、外側の淡い途切れ途切れのリングを作っているのは 110 億光年の距離にある銀河です。右の画像は明るい前景の銀河の光を人工的に消去したものです。

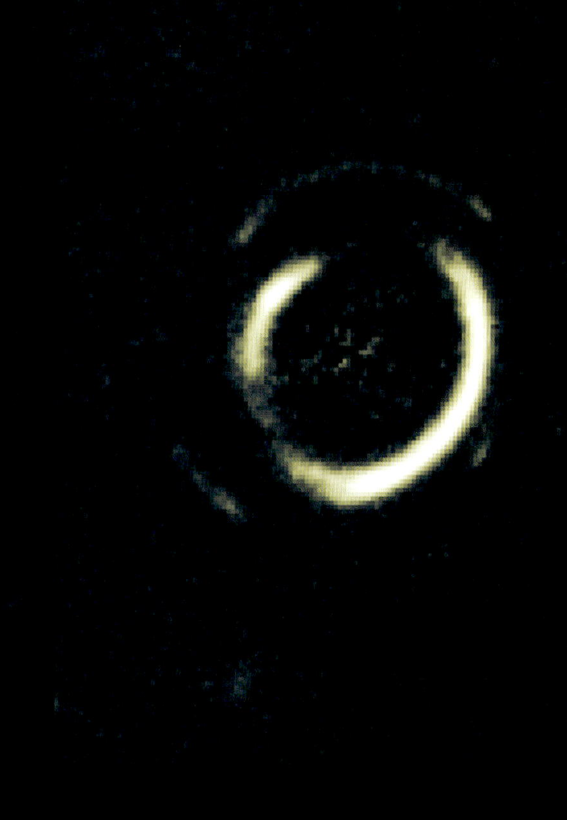

アインシュタイン・リング候補
各画像に天体の名前が記されています。オレンジ色の銀河を取り巻くように、青白いリングが見えています。 いずれも後方の銀河が黄色い銀河の重力でゆがめられてまわりに虚像を作り出しているものです。黄色い銀河は 20 ～ 40 億光年の距離にあり、青白いリングの天体はその約 2 倍遠方にあると考えられています。

COSMOS サーベイで発見された重力レンズ天体
銀河団による重力レンズ効果ではなく、銀河団に属さない、大質量銀河による重力レンズ効果を受けた天体の姿です。上段の右と左画像、下段の左と中央の画像はアインシュタイン・リングを示しています。画像左上の数字は、天体の名前を表しています。上段左の画像は COSMOS0038+4133 と言う名前の天体です。

H-ATLAS J142935.3-002836
不思議な形の銀河ですが、これもアインシュタイン・リングの１つです。巨大な渦巻銀河の重力によって後方の銀河からの光がゆがめられています。 後方の銀河は、２つの銀河が衝突合体していて、たくさんの星が一気に形成されているところだと考えられています。
下の図はその仕組みを図解したものです。

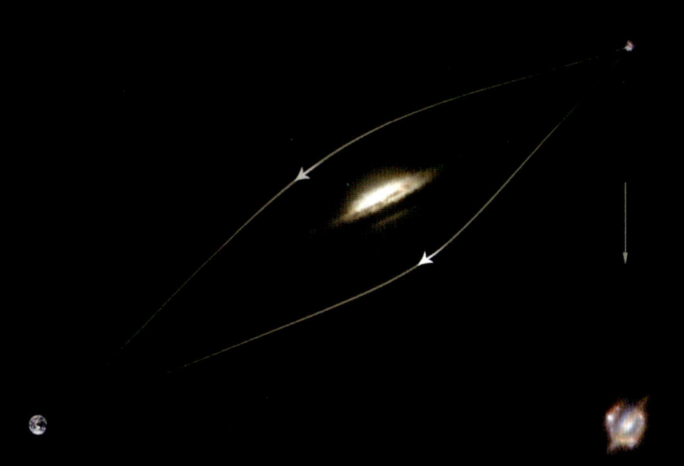

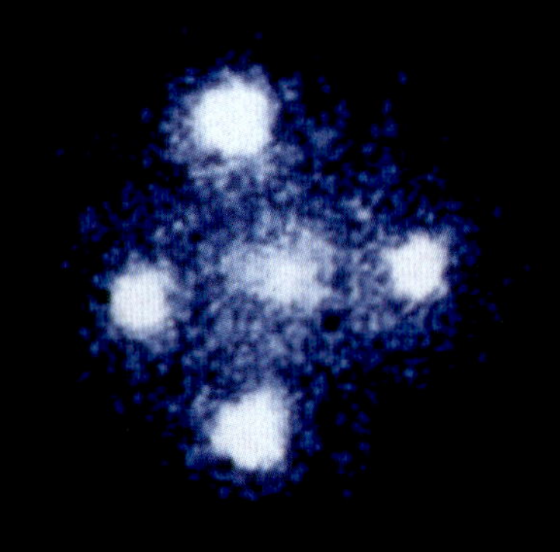

アインシュタイン・クロス
重力レンズ効果が作り出す形は様々で、前景の銀河を囲んで十字架状に並んだ４つの像が観測されることがあります。これは「アインシュタイン・クロス」と呼ばれます。画像は約４億光年の距離に位置する渦巻銀河 G 2237+0305 の中心部です。白い点が５つありますが、中央はこの銀河の中心核で、残りの４つは後方のクエーサーの虚像です。前景の銀河の中心核が重力レンズとして働き、クエーサー QSO 2237+0305 の虚像が十字に並んで見えています。

クエーサー Quasar

銀河100個分のエネルギーを放つクエーサーの棲むホスト銀河を探る

クエーサーは1963年に始めて発見された天体です。恒星のように見えながら、実際には数十億光年という遠方にあり、数光日（光が数日程度で移動できる距離）ほどの小さな領域から銀河系の100倍近いエネルギーを放っています。強い赤外線、可視光、X線、ガンマ線を放ち、電波を放つものもあります。以前はブラックホールから吸い込まれた物質がワームホールを通って宇宙に吹き出しているホワイトホールではないかと言われたこともありましたが、現在では異常に

超高光度赤外線銀河
非常に強い赤外線を放つ銀河で、ハッブル宇宙望遠鏡を使った観測で相互作用や衝突・合体を起こしている銀河であることがわかりました。スターバースト現象が起こり、中心核ブラックホールが激しく活動しているだろうと考えられており、やがてクエーサーになるのではないかとも言われています。

活発な活動を示す銀河の中心核であることがわかっています。

クエーサーを中心に持つ銀河を「ホスト銀河」といいます。ホスト銀河は楕円銀河、渦巻銀河、合体しつつある銀河など、あらゆるタイプの銀河であることがハッブル宇宙望遠鏡による観測からわかっています。クエーサーの莫大なエネルギーの源は銀河中心核に位置する超巨大ブラックホールで、激しく物質を吸い込み、同時に、莫大な量のエネルギーを放出しているのです。

過去のクエーサーのゴースト
8つのクエーサーを中心に持つ活動的な銀河です。これらは周りに緑色の奇妙なループや渦巻きのような形の模様をもっています。これはガスと塵の塊で、かつて、クエーサーは現在よりもずっと明るく輝いていて、その頃に放出された光で照らされて見えています。

異常に明るい銀河
120億年前の、宇宙で星形成が盛んに起きた時代に存在していたクエーサーです。クエーサーは非常に明るくコンパクトなので、画像では十字形に回折像が出ています。下段は、クエーサーの明るい光を消したもので、クエーサーが合体銀河の中にあることを示しています。

遠方の超新星 Distant Supernova

超新星を利用して遠方の距離を測定する それから分かった驚くべき宇宙の実態

　星が一生の終わりに大爆発を起こす超新星にはいくつか種類がありますが、「Ia型超新星」は近接連星系で一方の星が白色矮星の場合に起こります。爆発を起こすときの白色矮星の重さはほぼ同じため、爆発時の明るさもほぼ同じと考えられます。明るさが同じであれば、明るさを比較することによって、その銀河までの距離が求められます。

　Ia型超新星は、ひじょうに明るいため、遠方の銀河の距離を測る「ものさし」として使われています。

　また、遠方の銀河までの距離はハッブルの法則からも求められます。私達の住む宇宙は膨張しています。そのため、遠方の銀河ほど速い速度で遠ざかって見え、大きな赤方偏移を示します。この赤方偏移の大きさに、私達から1億光年までの銀河の距離と後退速度から求められた「定数（ハッブル定数と言います）」をかけて距離を求めるのです。

　最近ではハッブル宇宙望遠鏡を使って100億光年というひじょうに遠方のIa型超新星まで観測できるようになり、Ia型超新星と赤方偏移を使って2つの方法で銀河の距離が測られるようになりました。すると、赤方偏移が大きい場合、Ia型超新星は予想より明るいことが判明しました。はるか遠方では、Ia型超新星から求められる距離は、後退速度から求められる値より小さいことがわかったのです。つまり、遠方ではハッブル定数が小さいのです。それによって、最近の宇宙は昔の宇宙より早く膨張—加速膨張—していることがわかったのです。

　宇宙が加速的に膨張しているなら、それはいつ始まったのでしょうか？　最近の観測結果では、宇宙がビッグバンを起こして以来ゆっくりと減速していた膨張速度は、今から50億年ほど前に加速的膨張に転じたことがわかってきました。

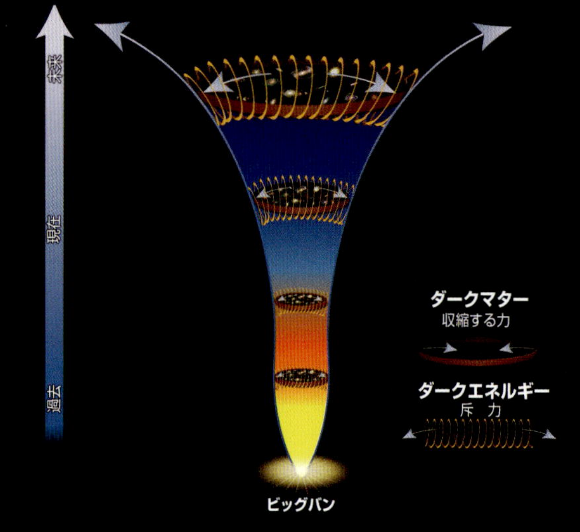

宇宙の綱引き
宇宙はダークマターによる引力、つまり収縮しようとする力と、ダークエネルギーによる斥力、つまり拡大しようとする力の綱引きです。ダークマターの引力は宇宙が小さいほど強く、大きくなると弱くなりますが、ダークエネルギーの斥力は宇宙の大きさに関係なく一定です。そのため、宇宙がある程度大きくなると相対的に斥力が増すことになります。曲線は宇宙の膨張速度の変化を示します。

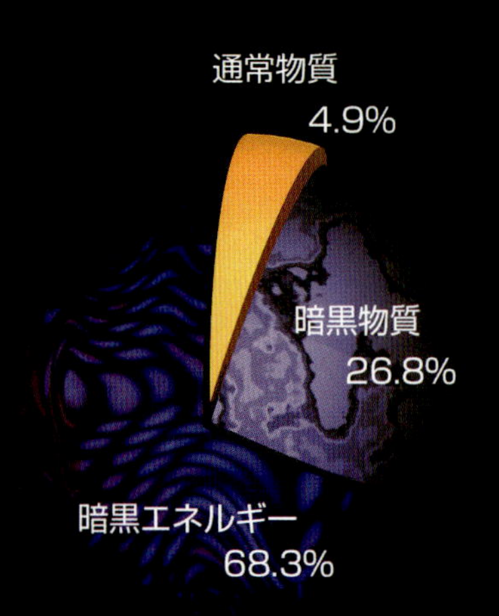

宇宙を構成するエネルギーの割合
私たちが見ることができる物質は、全エネルギーのほんの5パーセントに過ぎません。約27パーセントを暗黒物質（ダークマター）が、約68パーセントをダークエネルギーが占めています。

遠方の超新星
宇宙の加速的膨張を裏付けているIa型超新星です。これらは「High-z SupernovaTeam」と「Supernova Cosmology Project」が遠方の銀河で起きた超新星爆発を研究する目的で捉えたものです。35億光年から100億光年の間に出現した超新星です。これらの詳しい観測から、約50億年前、宇宙は加速的膨張に転じたことが発見されました。超新星は各画角の中央に点状に見えています。各画像にそれぞれの超新星の名前が記されています。

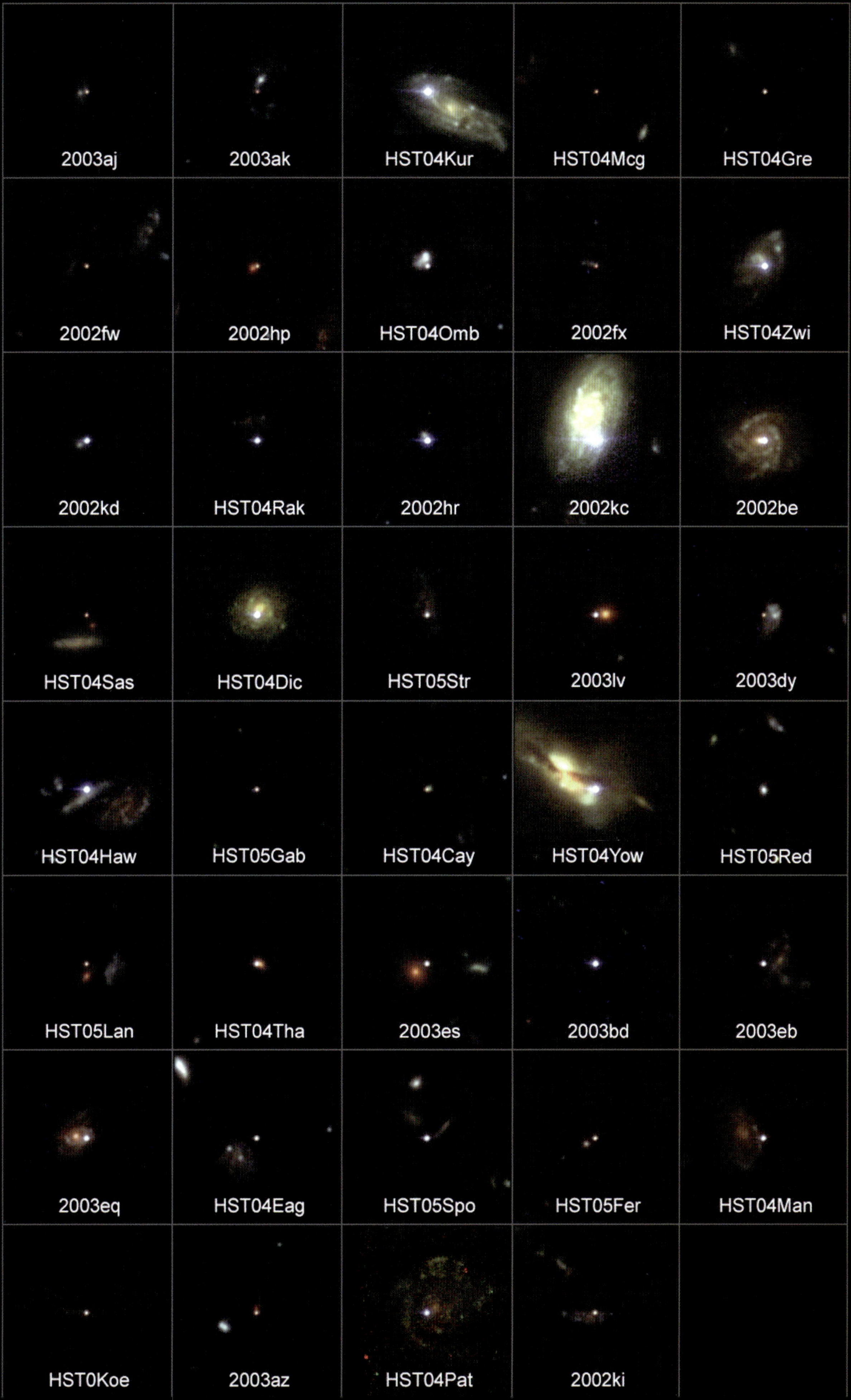

2003aj	2003ak	HST04Kur	HST04Mcg	HST04Gre
2002fw	2002hp	HST04Omb	2002fx	HST04Zwi
2002kd	HST04Rak	2002hr	2002kc	2002be
HST04Sas	HST04Dic	HST05Str	2003lv	2003dy
HST04Haw	HST05Gab	HST04Cay	HST04Yow	HST05Red
HST05Lan	HST04Tha	2003es	2003bd	2003eb
2003eq	HST04Eag	HST05Spo	HST05Fer	HST04Man
HST0Koe	2003az	HST04Pat	2002ki	

ハッブル・ウルトラ・ディープ・フィールド(HDUF)

Hubble Ultra-Deep Field

より昔の宇宙の姿をとらえるために行われたHUDF そこには微小な銀河がひしめく宇宙初期の姿があった

宇宙では、光が到達するのに何十億年もかかるような彼方を見ることは、何十億年も昔の、宇宙が大変若かった時の姿を見ることを意味します。1995年、ハッブル宇宙望遠鏡を使って、初期の頃の宇宙を探ろうという計画が行われました。これがハッブル・ディープ・フィールド（HDF-N）・プロジェクトです。このときは北斗七星に近い空の一角にハッブル宇宙望遠鏡が向けられ、WFC2を使って、10日間にわたって露出が行われました。1998年には大マゼラン銀河に近いきょしちょう座の一角にむけられ、ハッブル・ディープ・フィールド南天（HDF-S）の撮影も行われ、ともに、約130億光年彼方の宇宙までが捉えられました。

2003年、ハッブル宇宙望遠鏡の可視光のカメラがWFC2からACSに代わり性能がアップしたことに伴って、再び、遠方の宇宙の姿を捉えるプロジェクトが実施されました。それがハッブル・ウルトラ・ディープ・フィールド（HUDF）です。ろ座の一角にハッブル宇宙望遠鏡が向けられ、ACSで可視光、NICMOSで赤外光を使って撮影が行われました。得られた画像は2004年に発表されましたが、10億光年から約133億光年彼方までの宇宙が捉えられ、様々な年齢、大きさ、色、形の銀河やクエーサーなどの天体1万個が写し出されていました。

2009年、ハッブル宇宙望遠鏡にWFC3がインストールされたことにより、赤外線を使ってHUDF領域が撮影し直されました。この赤外線画像は2009年に発表され、さらに新たな赤外線画像が2011年に、翌年には赤外線で撮影されたHUDF2012が発表されています。

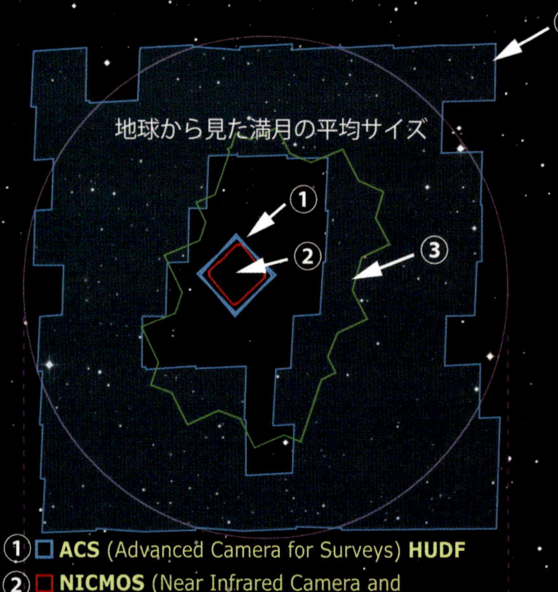

観測領域の比較
ハッブル・ウルトラ・ディープ・フィールドの写野はGOODS南天、GEMSの観測領域と関連しています。ハッブル・ウルトラ・ディープ・フィールドの赤外線観測領域を赤、可視光での観測領域を青、GOODS南天領域を緑の線で示しました。青く塗られた領域はGEMSの領域です。また、紫の円は地球から見た満月の大きさです。

ハッブル・エクストリーム・ディープ・フィールド（XDF）

Hubble eXtreme Deep Field

HUDFの中心部の80％を撮影したものです。これは2002年から2012年までの約10年間に撮影された画像を重ね合わせており、露出時間はのべ22.5日にもなります。狭い領域ながら、遠方まで見通していることから、HUDFで既に発見されている天体に加え、新たに約5500個の天体が発見されました。そこには激しく星を形成している非常に若い銀河からすでに星を生み出すことができなくなった年老いた銀河まで捉えられています。また、小さな銀河の多くはとても若く、これから銀河系のような大きな銀河へと成長してゆくものと考えられています。

Size of Hubble eXtreme Deep Field on the Sky

Moon to scale

XDF

XDF 領域
XDF によって撮影された領域の大きさと満月の大きさを比較したものです。XDF は大変小さな領域ですが、130 億光年以上遠方まで捉えられています。

XDF を 3 つの時代に分ける
XDF は様々な距離の銀河が見えているので、それを 3 つの距離に分けています。一番左は私たちからの距離が 50 億光年以下の銀河を示します。ここには私たちの周囲で見られるような完成した銀河が見られます。真ん中は 50 億から 90 億光年の距離にある銀河で、左の面より多くの銀河が見えます。個々の銀河はほぼ現在と同じような形をしています。一番右の 90 億光年以上遠方の宇宙は大変コンパクトな銀河と生まれたばかりの若い星々が輝く原始銀河であふれています。

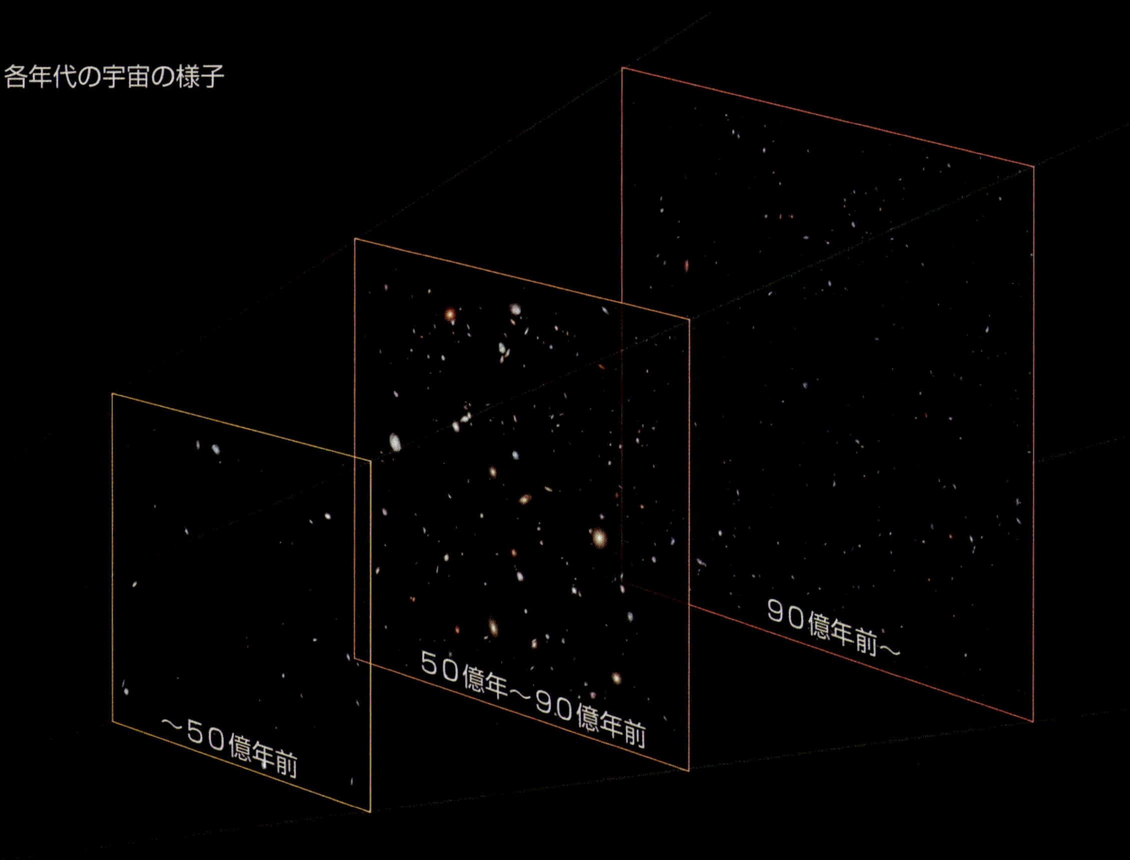

GOODS CDF-S

ACSによって撮影された画像を31枚つなぎ重ね合わせてえられたモザイク画像です。

Great Observatories Origins Deep Survey (GOODS)とは、ハッブル宇宙望遠鏡、エックス線観測衛星チャンドラおよびXMM-Newton、赤外線観測衛星スピッツァー、地上の巨大望遠鏡を使って様々な波長で同じ領域を調べ、近い銀河から遠い銀河までを調べて、銀河がどのように形成され進化するかを研究するミッションです。GOODSのために撮影された領域は2箇所で、この画像はそのうちの1つのチャンドラ・ディープ・フィールド南天を中心とした領域です。ハッブル宇宙望遠鏡を用いて撮影されたこの画像には、宇宙誕生から10億年後から60億年後の銀河の姿が捉えられています。

HUDF（P170参照）と一部領域が重なっているものの、露出時間は5日間で、HUDFの半分以下です。そのためHUDFほど暗い天体は捉えられていませんが、HUDFの約15倍の広さの領域が捉えられています。

ハッブル・ウルトラ・ディープ・フィールド（HUDF）2014

HUDF2014は、2003年から2012年にACSとWFC3を使って撮影された画像を重ね合わせて作られました。以前のHUDFの画像は可視光と赤外光を使って撮影されたものでしたが、この画像は、それにWFC3を使い紫外線を使って撮影した画像を重ね合わせています。

ハッブル宇宙望遠鏡を使った赤外線観測によって遠方の宇宙における星の誕生について多くのことがわかってきました。また、我々に近い銀河での星形成については紫外線宇宙望遠鏡GALEXがたくさんのデータを提供してくれています。しかし、GALEXでは遠方の銀河を見ることができず、我々から50億から100億光年彼方については十分なデータがありませんでした。この期間は、宇宙に輝く星の多くが誕生した時期になります。生まれたばかりの高温の星は強い紫外線を放ちますから、紫外線による観測が待ち望まれていました。HUDF2014は銀河がどのようにして大きく成長してきたのかについての大きな手がかりを与えてくれるものと期待されています。

38135539
z=8.6
37796000
z=8.5
39546284
z=10.3

HUDF2014
近赤外線から紫外線までさまざまな波長で撮影された画像を重ねて作られました。紫外線による画像を青、可視光と一部の赤外線による画像を緑、赤外線による画像を赤で色づけし、重ね合わせて作られたカラー画像です。

33436598
z=8.6

SN Primo
z=1.55

宇宙誕生初期の銀河 Early Galaxy

現在、私たちは130億年前に存在した銀河まで見ることができます。宇宙の年齢は138億歳ですから、宇宙誕生初期の頃の銀河です。この頃の銀河は大きさが数千光年、質量も銀河系の1/100 ～ 1/1000程度のとても小さなものばかりでした。しかし、銀河内では星形成が活発におきていて、明るく輝くものも見つかっています。

127億年前にはこの小さな銀河が相互作用や衝突合体で変形しているものが数多く見られます。小さな銀河は大きな銀河を形作るためのブロックであり、これらが組み上げられて銀河系のような大きな銀河が形成されたと考えられています。

おたまじゃくし銀河
2004年に行われたハッブル・ウルトラ・ディープ・フィールド（HUDF）サーベイで撮影された画像内に見つかった36個の若い銀河です。衝突・合体によってまるでしずくのような形をしています。その見かけの形から「おたまじゃくし銀河」と呼ばれています。これらの銀河では中心核ブラックホールの激しい活動は見られませんが、これよりわずか数百万年後の銀河ではブラックホールが激しい活動を示しており、銀河の合体後にブラックホールが活発な活動を始めることがわかりました。

天体データ
ASTRONOMICAL DATA

●太陽を中心とした天体

掲載ページ	天体名	種別	太陽からの平均距離 (km)	(天文単位)	直径（赤道部）(km)	質量	密度 (g/cm^3)	公転周期 (年)	自転周期 (日)	衛星数
	地球	惑星	1億5千万	1	12800km	5.974×10^{24}kg	5.52	1	0.9973	1
20	金星	惑星	1億1千万	0.7	12100km	0.8（地球を1）	5.24	0.61521	243.02	0
22－25	火星	惑星	2億3千万	1.5	6800km	0.1（地球を1）	3.93	1.88089	1.0260	2
31－36	木星	惑星	7億9千万	5.2	143000km	317.8（地球を1）	1.33	11.8622	0.414	62
37－42	土星	惑星	14億3千万	9.6	120500km	95.2（地球を1）	0.69	29.4578	0.444	62
43－44	天王星	惑星	28億8千万	19.2	51100km	14.5（地球を1）	1.27	84.0223	0.718	27
45－46	海王星	惑星	45億	30.1	49500km	17.1（地球を1）	1.64	164.774	0.671	13
27	セレス	準惑星	4億1千万	2.8	952km	0.000152（地球を1）	2.09	4.6	0.378	
47－48	冥王星	準惑星	59億1千万	39.5	2300km	0.0022（地球を1）	2.05	247.921	6.387	5
49	エリス	準惑星	101億8千万	68	2400km	0.0028（地球を1）	2.52	561.37	1.079	1
26	ベスタ	小惑星	3億6千万	2.4	530km	0.0000434（地球を1）	3.5		0.223	
28	P/2013 P5	小惑星		2.189	～0.48km		3.3	3.24		
28	P/2010 A2	小惑星		2.29	0.22～0.14km			3.47		
49	1998 WW31	外縁天体		44.5	133km	$1.3 \sim 2.5 \times 10^{18}$kg	1.5		570	1
49	セドナ	外縁天体	775億8千万	524.4	995km			11400	0.429	
25、30	サイディング・スプリング彗星	彗星			0.4～0.7km				0.333	
29	百武彗星	彗星		1700	4.2km			70000	0,25	
30	シュワスマン・ワハマン第3彗星	彗星		3.1				5.36		
30	テンペル第1彗星	彗星		3.1	7.6km	$7.2 \sim 7.9 \times 10^{13}$kg	0.63	5.52	1.696	
35	シューメーカー・レビー第9彗星	彗星								

●衛星

掲載ページ	天体名	種別	中心の惑星	中心の惑星からの平均距離 (km)	直径（赤道部）(km)	質量 (地球を1)	密度 (g/cm^3)	公転周期 (日)	自転周期 (日)
20－21	月	衛星	地球	38万4,400	3476	0.0123	3.34	27.3	27.3217
34	イオ	衛星	木星	42万2千	3643	0.015	3.53	1.769	1.769
34	エウロパ	衛星	木星	67万1千	3122	0.008	3.01	3.551	3.551
34	ガニメデ	衛星	木星	107万	5268	0.025	1.94	7.154	7.145
34	カリスト	衛星	木星	188万3千	4821	0.018	1.83	16.698	16.698
42	タイタン	衛星	土星	122万2千	5149	0.0225	1.88	15.95	15.95
47	カロン	衛星	冥王星	1万8千	1207	0.000254	1.68	6.387	6.387
47－48	ニクス	衛星	冥王星		32～113				
47	ヒドラ	衛星	冥王星		32～113				
47	ケルベロス	衛星	冥王星		13～34				
47	ステュクス	衛星	冥王星	4万7千	10～24				
49	ディスノミア	衛星	エリス						

太陽系外惑星

掲載ページ	惑星を持つ星の名前	惑星番号	中心星からの平均距離(天文単位)	直径(赤道部)(木星を1)	質量(木星を1)	公転周期(日)	地球からの距離(光年)	星座	主星の質量(太陽を1)	主星の直径(太陽を1)	そのほか
52	おうし座TMR-1	c	1400				450	おうし座			原始星
52	CHXR 73	b	210		12		500	カメレオン座	0.35		
53	HD 209458	b	0.0475	1.38	0.714	3.527	152.5	ペガスス座	1.148	1.162	オシリス
53	グリーゼ 876	b	0.208		2.276	61.1	15.2	みずがめ座	0.334	0.36	ほかに3つ惑星を持つ
54	HD 189733	b	0.0314	1.15	1.15	2.219	62.4	こぎつね座	0.84	0.752	
54	OGLE-2003-BLG-235L/MOA-2003-BLG-53L	b	4.3		2.6		19000	いて座	0.63		
56	HR 8799	b		1.2	7	170000	129.4	ペガスス座	1.47	1.34	4つ惑星を持つ
		c		1.2	10	69000					
		d		1.2	10	37000					
		e				18000					
57	フォーマルハウト	b	115	1.2	2.6	318280	24.9	みなみのうお座	2	1.8	
57	らせん状星雲 NGC7293						714	みずがめ座			惑星形成領域

塵の円盤を持つ星

掲載ページ	円盤を持つ星の名前	地球からの距離(光年)	星座	主星の質量	主星の直径
55	HD15115	147	くじら座		
55	HD32297	366光年	おうし座		
55	HD61005	112光年	とも座		
55	HD181327	169光年	ぼうえんきょう座		
55	MP Mus	28光年	はえ座		
57	フォーマルハウト	24.9光年	みなみのうお座	2(太陽を1)	1.8(太陽を1)

●その他の天体

掲載ページ	名称	リスト番号1	リスト番号2	種別
52	TMR-1	IRAS 04361+2547		原始星
52	CHXR 73			恒星
53	HD 209458	HD 209458	SAO 107623	恒星
53	グリーゼ 876	Ross 780		恒星
54	HD 189733	HD 189733	SAO 88060	恒星
54	OGLE-2003-BLG-235L/MOA-2003-BLG-53L			恒星
55	HD15115	HD15115	SAO 110532	恒星
55	HD32297	HD 32297	SAO 112345	恒星
55	HD61005	HD61005	SAO 198166	恒星
55	HD181327	HD181327	SAO 246056	恒星
55	MP Mus			原始星
56	SWEEPS J175853.92-291120.6	SWEEPS-04		恒星
56	HR 8799	HD 218396	SAO 91022	恒星
57	フォーマルハウト	α PsA		恒星
57、96－97	らせん状星雲	NGC7293		惑星状星雲
60	IC2944		IC2944	散光星雲
61	NGC 281		NGC 281	散光星雲
62－63	馬頭星雲	LBN 953	IC434	暗黒星雲
63－67	オリオン星雲	M42	NGC1976	散光星雲
63	KL天体			原始星
64	トラペジウム			星団
68－69	M16		NGC6611	散光星雲
70－73	イータ・カリーナ星雲			散光星雲
70、72、85	イータ・カリーナ星	HD 93308		恒星
74	モンキー星雲		NGC2174	散光星雲
75	NGC602			散光星雲
76-77	タランチュラ星雲	30Dor	NGC 2070	散光星雲
77	NGC2074		NGC2074	散光星雲
78	HH-47	IRAS 08242-5050		ハービッグ・ハロー天体
78	HH-34			ハービッグ・ハロー天体
78	HH-2			ハービッグ・ハロー天体
79	オリオン座LL星			恒星
79	IRAS 20324+4057			原始星
80	V838 Mon			恒星
81	RS Puppis	HD 68860	SAO 198944	恒星
82	ハッブルの変光星雲		NGC2261	反射星雲
82	HH-32			ハービッグ・ハロー天体
83	ブーメラン星雲	IRAS 12419-5414		反射星雲
84	ミラ	HD 14386	SAO 129825	恒星
84	みずがめ座R星	HD 222800	SAO 165849	恒星
85	シリウス	HD 48915	SAO 151881	恒星
86	N159			散光星雲
86	NGC6357	Sh2-11	NGC6357	散光星雲
86	Pismis 24-1			三重星
87	青色はぐれ星			恒星
88	NGC3603		NGC3603	散光星雲
89	M4	M4	NGC 6121	球状星団
90	NGC104	きょしちょう座47番星	NGC104	球状星団
91	M22	M22	NGC6656	球状星団
91	オメガ星団		NGC5139	球状星団
92	NGC265		NGC265	散開星団
92	NGC290		NGC290	散開星団
93	NGC346		NGC346	散光星雲
94	キャッツアイ星雲		NGC6543	惑星状星雲
95	NGC6302		NGC6302	惑星状星雲
95	NGC 6881		NGC 6881	惑星状星雲
95	NGC 5189		NGC 5189	惑星状星雲
95	M2-9	Minkowski's Butterfly		惑星状星雲
95	Henize 3-1475			惑星状星雲
95	Hubble5			惑星状星雲
98	エスキモー星雲		NGC2392	惑星状星雲
98	NGC7027		NGC7027	惑星状星雲
98	CRL2688	エッグ星雲	CRL2688	惑星状星雲
98	K4-55	コホーテク星雲		惑星状星雲
98	Mz 3　アリ星雲	Menzel 3		惑星状星雲
98	IC3568			惑星状星雲
98	PN G054.2-03.4　ネックレス星雲	IPHASX J194359.5+170901		惑星状星雲
98	SuWt 2			惑星状星雲
98	NGC6369		NGC6369	惑星状星雲
98	NGC 2440		NGC 2440	惑星状星雲

見かけの大きさ	明るさ（等級）	位置-赤経	位置ー赤緯	距離（光年）	星座	その他
		04h39m13.9s	+25° 53′ 21″	450	おうし	
		11h06m28.8s	−77° 37′ 33″	500	カメレオン	惑星を持つ
	7.6	22h03m10.8s	+18° 53′ 04″	152.5	ペガスス	惑星を持つ
	10.2	22h53m16.7s	−14° 15′ 49″	15.2	みずがめ	惑星を持つ
	7.6	20h00m43.7s	+22° 42′ 39″	62.4	こぎつね	惑星を持つ
	19.7	18h05m16.35s	−28° 53′ 42.0″	19000	いて	惑星を持つ
	6.8	02h26m16.2s	+06° 17′ 33″	147	くじら	塵の環を持つ
	8.1	05h02m27.4s	+07° 27′ 40″	366	おうし	塵の環を持つ
	8.2	07h35m47.5s	−32° 12′ 14″	112	とも	塵の環を持つ
	7	19h22m58.9s	−54° 32′ 17″	169	ぼうえんきょう	塵の環を持つ
	10.4	13h22m07.5s	−69° 38′ 12″	28	はえ	塵の環を持つ
	18.8	17h58m53.9s	−29° 11′ 21″	22000	いて	惑星を持つ
	6	23h07m28.7s	+21° 08′ 03″	129.4	ペガスス	塵の円盤と惑星を持つ
	1.2	22h57m39.0s	−29° 37′ 20″	24.9	みなみのうお	塵の円盤と惑星を持つ
15分角	13.5	22h29m38.3s	−20° 50′ 13″	720	みずがめ	惑星形成領域
75分角	4.5	11h38m20.4s	−63° 22′ 22″	6480	ケンタウルス	
35分角		00h52m59.325.1s	+56° 33′ 54″	9500	カシオペヤ	
66×10分角	2.1	05h41m00.9s	−02° 27′ 14″	1500	オリオン	
66×60分角	3	05h35m16.5s	−05° 23′ 23″	1600	オリオン	
				1600	オリオン	オリオン星雲内
0.78分角	4	05h35.4m	−05° 27′	1600	オリオン	
35×28分角	6.4	18h18m48.2s	−13° 48′ 26″	6500	へび	
120×120分角	6.2	10h45m03.6s	−59° 41′ 04″	8000	りゅうこつ	
		10h45m03.6s	−59° 41′ 04″		りゅうこつ	
40分角	6.8	06h09m42s	+20° 30′	6400	オリオン	
1.5×0.7分角		01h29m32.1s	−73° 33′ 38″	196000	みずへび	小マゼラン銀河内
40×25分角		05h38m42s	−69° 06′ 03″	158000	かじき	大マゼラン銀河内
		05h39m03s	−69° 29′ 54″	158000	かじき	大マゼラン銀河内
		08h25m43.6s	−51° 00′ 36″	1470	ほ	
		05h35m31s	−06° 28′ 36″	1500	オリオン	
		05h36.4m	−06° 47′	1500	オリオン	
	11.5	05h35m05.6s	−05° 25′ 20″		オリオン	
		20h34m14s	+41° 08′ 06″	4500	はくちょう	
		07h04m04.8s	−03° 50′ 50″	20000	いっかくじゅう	
	6.5−7.6	08h13m04.2s	−34° 34′ 43″	6200	とも	
2分角	9	06h39m10.0s	+08° 44′ 10″	2500	いっかくじゅう	
		19h20m30s	+11° 02.0′	950	わし	
		12h44m45.5s	−54° 31′ 11″	5000	ケンタウルス	
	2.0−10.1	02h19m20.8s	−02° 58′ 39″	418	くじら	
	5.7−12.4	23h43m49.5s	−15° 17′ 04″	600	みずがめ	
	−1.44	06h45m08.19s	−16° 43′ 02.6″	8.58	おおいぬ	
2.94×2.46分角		05h40m09.3s	−69° 44′ 29″	158000	かじき	
		17h26m30s	−34 ° 12′ 00″	6500	さそり	
		17h25m24.0s	−34° 26′ 00″	6500	さそり	散光星雲NGC6357の中心部
		17h59m00s	−29 ° 12′ 00″		いて	SWEEPS fields
3分角	9.1	11h15m09.1s	−61° 16′ 17″	20000	りゅうこつ	
26分角	7.1	16h23m35.2s	−26° 31′ 33″	7200	さそり	
31分角	4.9	00h24m05.7s	−72° 04′ 53″	15000	きょしちょう	
66分角	6.2	18h36m24.2s	−23° 54′ 12″	10400	いて	
110分角	4.4	13h26m45.9s	−47° 28′ 37″	17000	ケンタウルス	
		00h47m11.1s	−73° 28′ 40″	196000	きょしちょう	
		00h51m15.2s	−73° 20′ 59″	196000	きょしちょう	
		00h59m18.0s	−72° 10′ 48″	196000	きょしちょう	
0.7×0.6分角	8.9	17h58m33.4s	+66° 37′ 59″	3300	りゅう	
1.8×1.3分角	8.8	17h13m44.6s	−37° 06′ 11″	3800	さそり	
	13.7	20h10m52.5s	+37° 24′ 42″		はくちょう	
1.5×1.03分角	8.2	13h33m32.9s	−65° 58′ 27″	3000	はえ	
1.92×0.3分角	14.7	17h05m37.952s	−10° 08′ 34.58″	2100	へびつかい	
	12.9	17h45m14.2s	−17° 56′ 47″	18000	いて	
				2200	いて	
0.7分角	9.9	07h29m10.77s	+20° 54′ 42″	5000	ふたご	
0.3秒角	10.9	21h07m01.6s	+42° 14′ 10″	3600	はくちょう	
0.5×0.25分角	14	21h02m18.8s	+36° 41′ 38″	3000	はくちょう	
		10h45m03.6s	−59° 41′ 05″	4500	りゅうこつ	
0.5×0.25分角	13.8	16h17m13.4s	−51° 59′ 10″	8000	じょうぎ	
	12.3	12h33m06s	+82° 34′ 00″		きりん	
		19h43m59.5s	+17° 09′ 01″	15000	や	
		13h55m43s23	−59° 22′ 40.03″	6500	ケンタウルス	
38分角	12.9	17h29m20.4s	−23° 45′ 38″	2000～5000	へびつかい	
0.5分角	18.9	07h41m54.9s	−18° 12′ 30″	3600	とも	

掲載ページ	名称	リスト番号1	リスト番号2	種別
98	南のリング星雲		NGC3132	惑星状星雲
98	土星状星雲		NGC7009	惑星状星雲
99	砂時計星雲	MyCn18		惑星状星雲
99	NGC6751		NGC6751	惑星状星雲
99	IC4406		IC4406	惑星状星雲
99	NGC6826			惑星状星雲
99	レッドレクタングル			惑星状星雲
99	スピログラフ星雲		IC 418	惑星状星雲
99	アカエイ星雲	Hen-1357		惑星状星雲
99	青い雪だるま		NGC7662	惑星状星雲
99	He 2-47			惑星状星雲
99	NGC5315		NGC5315	惑星状星雲
99	IC4593		IC4593	惑星状星雲
99	NGC5307		NGC5307	惑星状星雲
100−101	リング星雲	M57	NGC6720	惑星状星雲
102	カシオペヤ座A	3C461		超新星残骸
103	SNR 0509-67.5			超新星残骸
103	LMC N 49	DEM L 190		超新星残骸
104,106	網状星雲			超新星残骸
105	かに星雲	M1	NGC1952	超新星残骸
105	かにパルサー			中性子星
107	SN1987A			超新星
107	E0102			超新星残骸
111	NGC 4449		NGC 4449	不規則銀河
112	NGC 2366		NGC 2366	不規則銀河
112	DDO 68	UGC5340		不規則　特異
113	NGC 5474		NGC 5474	渦巻
113	UGC 1281			渦巻
114	NGC 5866		NGC 5866	レンズ状
115	NGC 2787		NGC 2787	レンズ状
115	NGC 524		NGC 524	レンズ状
116	NGC 4710		NGC 4710	渦巻
117	NGC 4696		NGC 4696	楕円
118	NGC 1132		NGC 1132	楕円
119−123	アンドロメダ銀河	M31	NGC 224	渦巻
119	NGC205		NGC205	楕円
119	M32	M32	NGC221	楕円銀河
124	NGC 1672		NGC 1672	棒渦巻
125	NGC 4402		NGC 4402	渦巻
126−127	NGC 2442		NGC 2442	棒渦巻
128	M83		NGC5236	棒渦巻銀河
129	ESO 121-6			渦巻
130	IC 2184		IC 2184	相互作用する銀河
131	アープ273	UGC 1810&UGC 1813		相互作用する銀河
132−133	M82		NGC3034	特異銀河
134	NGC 922		NGC 922	棒渦巻銀河
134	NGC 3256		NGC 3256	衝突銀河
135	NGC 7714		NGC 7714	相互作用する銀河
135	Arp 230		IC 51	衝突銀河
136	Arp 142			衝突銀河
137	NGC 6050		NGC 6050	衝突銀河
137	セイファートの六ッ子	HCG 79,		コンパクト銀河群
138	ESO 137-001			棒渦巻銀河
139	子持ち銀河	M51	NGC5194	相互作用する銀河
140	NGC 4261		NGC4261	楕円銀河
140	NGC 6251		NGC6251	楕円銀河
140	NGC 7052		NGC7052	楕円銀河
141	ヘルクレス座A	3C 348		楕円銀河
141	3C 264		NGC 3862	楕円銀河
144	ステファンの5つ子	HCG092		コンパクト銀河群
145	HCG　7			コンパクト銀河群
145	Abell 3627	ACO 3627	じょうぎ座銀河団	銀河団
145	ESO 137-002			レンズ状
146	HCG 16			銀河群
147	NGC 839			渦巻
147	NGC 838			渦巻
147	NGC835			棒渦巻
147	NGC833			渦巻
147-149	Extended Groth Strip, EGS			
148	かみのけ座銀河団	Abell 1656		銀河団
148	NGC4921			棒渦巻
150−151	パンドラ銀河団	Abell 2744		銀河団

見かけの大きさ	明るさ（等級）	位置-赤経	位置ー赤緯	距離（光年）	星座	その他
0.8分角	8.2	10h07m01.7s	−40° 26′ 12″	2330	ほ	
0.7分角	8	21h04m10.8s	−11° 21′ 48″	2930	みずがめ	
	13	13h39m35.1s	−67° 22′ 51″	8000	はえ	
0.43分角	11.9	19h05m55.6s	−05° 59′ 33″	6500	わし	
0.5分角		14h22m25.9s	−44° 09′ 00″	1400	おおかみ	
0.45×0.4秒角	8.8	19h44m48.2s	+50° 31′ 30.3″	2000	はくちょう	
		06h19m58.2s	−10° 38′ 15″	2300	いっかくじゅう	
		05h27m28.2s	−12° 41′ 50.3″	3600	うさぎ	
	10.75	17h16m21.1s	−59° 29′ 23.6″	18000	さいだん	
0.62分角	8.6	23h25m53.6s	+42° 32′ 06″		アンドロメダ	
		10h23m09.0s	−60° 32′ 43″	6600	りゅうこつ	
0.1分角	13	13h53m57.0s	−66° 30′ 50″	7000	コンパス	
0.3分角	10.9	16h11m44.5s	+12° 04′ 17″	7900	ヘルクレス	
	10	13h51m03.3s	−51° 12′ 21″		ケンタウルス	
1.4×1.0分角	9.3	18h53m35.0s	+33° 01′ 43″	2300	こと	
		23h23m27.9s	+58° 48′ 42″	11000	カシオペヤ	
		05h09m31s7	−67° 31′ 18″	158000	かじき	
		05h25m57s3	−66° 05′ 20″	158000	かじき	
		20h50m	+30° 30′	1500	はくちょう	
7×4.8分角	8.4	05h34m31.9s	+22° 00′ 52.2″	6500	おうし	
	16.5	05h34m32.0s	+22° 00′ 52″	6500	おうし	
		05h35m28.0s	−69° 16′ 11″	158000	かじき	
		01h04m01.5s	−72° 01′ 56″	199000	きょしちょう	
6.2×4.4分角	9.99	12h26m11.1s	+44° 05′ 37″	1200万	りょうけん	スターバースト銀河
8.1×3.3分角	11.43	07h28m54.6s	+69° 12′ 57″		きりん	矮小銀河
2.7×1.0分角	14.7	09h56m45.7s	+28° 49′ 35″	4000万	しし	矮小銀河
4.8×4.3分角	11.28	14h05m01.6s	+53° 39′ 44″	2100万	おおぐま	矮小銀河
5.8×0.65分角	12.87	01h49m32.0s	+32° 53′ 23″	1800万	さんかく	矮小銀河
4.7×1.9分角	10.74	15h06m29.5s	+55° 45′ 48″	5000万	りゅう	
3.2×2.0分角	11.82	09h19m18.6s	+69° 12′ 12″	2400万	おおぐま	
2.8×2.8分角	11.3	01h24m47.7s	+09° 32′ 20″	9000万	うお	
4.9×1.2分角	11.91	12h49m38.8s	+15° 09′ 56″		かみのけ	
4.5×3.2分角	11.39	12h48m49.2s	−41° 18′ 39″	1億1600万	ケンタウルス	
2.5×1.3分角	13.25	02h52m51.9s	−01° 16′ 29″		エリダヌス	
190×60分角	4.36	00h42m44.3s	+41° 16′ 09″	250万	アンドロメダ	
21.9×11.0分角	8.92	00h40m22.1s	+41° 41′ 07″	250万	アンドロメダ	
8.7×6.5分角	9	00h42m41.8s	+40° 51′ 55″	約250万	アンドロメダ	
6.6×5.5分角	10.28	04h45m42.5s	−59° 14′ 50″		みずへび	セイファート2型
3.9×1.1分角	12.55	12h26m07.6s	+13° 06′ 48″	5500万	おとめ	
5.5×4.9分角	11.24	07h36m23.8s	−69° 31′ 51″		とびうお	
12.9×11.5分角	8.2	13h37m01.0s	−29° 51′ 55″	約1500万	うみへび	
5.4×0.7分角	13.4	06h07m29.8s	−61° 48′ 27″	5800万	がか	
0.8分角	14	07h29m25.4s	+72° 07′ 44″		きりん	
	13.7	02h21m30.6s	+39° 21′ 58″	3億	アンドロメダ	
11.2×4.3分角	9.3	09h55m52.7s	+69° 40′ 46″	約1300万	おおぐま	スターバースト銀河
1.9×1.6分角	12.1	02h25m04.4s	−24° 47′ 17″	1億5000万	ろ	
3.8×1.2分角	12.15	10h27m51.3s	−43° 54′ 13″	1億	ほ	
1.9×1.4分角	12.5	23h36m14.1s	+02° 09′ 19″		うお	LINER
1.3×1.2分角	13.75	00h46m24.2s	−13° 26′ 32″	6000万	くじら	
	13.9	09h37m43.1s	+02° 45′ 47″	3億2600万	うみへび	
0.9×0.6分角	15.2	16h05m23.3s	+17° 45′ 26″	4億5000万	ヘラクレス	活動銀河中心核AGN
		15h59m12s	+20° 45′ 30″	1億9000万	へび	
1.3×0.6分角	14.6	16h13m27.3s	−60° 45′ 51″		みなみのさんかく	
9分角	8.6	13h29m55.7s	+47° 13′ 53″	約3100万	りょうけん	
4.1×3.6分角	11.4	12h19m23.2s	+05° 49′ 31″	約9600万	おとめ	中心核ブラックホール
1.8×1.5分角	13.6	16h32m32.0s	+82° 32′ 16″	約3億4000万	こぐま	中心核ブラックホール
2.5×1.4分角	13.4	21h18m33.0s	+26° 26′ 49″		こぎつね	中心核ブラックホール
		16h51m08.1s	+04° 59′ 33″	21億	ヘラクレス	電波銀河
1.5×1.5分角	13.67	11h45m05.0s	+19° 36′ 23″	2億6000万	しし	LINER
3.2分角		22h35m57.5s	+33° 57′ 36″	約2億7000万	ペガスス	
5.7分角		00h39m23.9s	+00° 52′ 41″	2億	くじら	
17分角	13.5*	16h14m22.5s	−60° 52′ 07″		じょうぎ	
1.2×0.2分角	14.8	16h13m35.9s	−60° 51′ 55″		みなみのさんかく	
6.4分角		02h09m31.3s	−10° 09′ 31″	1億1000万	くじら	
1.4×0.7分角		02h09m42.9s	−10° 11′ 03″	1億1000万	くじら	LINER、セイファート2型
1.1×0.9分角	13.5	02h09m38.5s	−10° 08′ 48″	1億1000万	くじら	
1.3×1.0分角	13.14	02h09m24.6s	−10° 08′ 09″	1億1000万	くじら	LINER
1.76×0.67分角	13.5	02h09m20.8s	−10° 07′ 59″	1億1000万	くじら	セイファート2型、LINER
		14h17m	+52° 30′		おおぐま	
		12h59m48.7s	+27° 58′ 50″	3億	かみのけ	
2.5×2.5分角	13.1	13h01m26.1s	+27° 53′ 09″	3億2100万	かみのけ	活動銀河中心核AGN
9分角	17.4*	00h14m18.9s	−30° 23′ 22″	4億	ちょうこくしつ	

掲載ページ	名称	リスト番号1	リスト番号2	種別
152	Abell 1689			銀河団
153	MACS J1206.2-0847			銀河団
154−156	MACS J0717.5+3745			銀河団
157	Abell 68			銀河団
158	MACS J1149+2223			銀河団
159	Abell 383			銀河団
160−161	MCS J0416.1-2403			銀河団
162	コズミック・ホースシュー	LRG 3-757		アインシュタイン・リング
163	SDSSJ0946+1006			アインシュタイン・リング
164	J073728.45+321618.5			アインシュタイン・リング
164	J095629.77+510006.6			アインシュタイン・リング
164	J120540.43+491029.3			アインシュタイン・リング
164	J125028.25+052349.0			アインシュタイン・リング
164	J140228.21+632133.5			アインシュタイン・リング
164	J162746.44-005357.5			アインシュタイン・リング
164	J163028.15+452036.2			アインシュタイン・リング
164	J232120.93-093910.2			アインシュタイン・リング
164	COSMOS0038+4133			重力レンズ
164	COSMOS0211+1139	SL2S J100211+021139		重力レンズ
164	COSMOS5921+0638	SL2S J095921+020638		重力レンズ
164	COSMOS0018+3845	SL2S J100018+023845		重力レンズ
164	COSMOS0013+2249	SL2S J100013+022249		重力レンズ
164	COSMOS0047+5023	SDSS J100047.63+015023.3		重力レンズ
165	H-ATLAS J142935.3-002836			重力レンズ
165	アインシュタイン・クロスG 2237+0305			重力レンズ
165	クエーサー QSO 2237+0305			重力レンズ
166	超高光度赤外線銀河			
167（上）	2MASX J14302986+1339117			ホスト銀河
167（上）	NGC 5972			ホスト銀河
167（上）	2MASX J15100402+0740370			ホスト銀河
167（上）	UGC 7342			ホスト銀河
167（上）	NGC 5252			ホスト銀河
167（上）	Mrk 1498			ホスト銀河
167（上）	UGC 11185			ホスト銀河
167（上）	2MASX J22014163+1151237	CGCG 428-014		ホスト銀河
167（下）	F2M 1036			クエーサー
167（下）	F2M 0738			クエーサー
167（下）	F2M 1427			クエーサー
167（下）	F2M 2222			クエーサー
167（下）	UKFS 0030			クエーサー
169	遠方の超新星			
170	ハッブルディープフィールド北天			
170、172−173	GOODS　CDF-S			
171	XDF			
174−175	HUDF2014			
176	おたまじゃくし銀河			銀河

見かけの大きさ	明るさ（等級）	位置-赤経	位置ー赤緯	距離（光年）	星座	その他
13分角	17.6*	13h11m29.5s	−01° 20′ 17″	2億5000万	おとめ	
		12h06m12.2s	−08° 48′ 01″	45億	おとめ	
		07h17m30.9s	+37° 45′ 30″	54億	ぎょしゃ	
12分角	18.0*	00h37m05.3s	+09° 09′ 11″	20億	うお	
12分角		11h49m35.1s	+22° 24′ 11″		しし	
24分角	17.6*	02h48m02.0s	−03° 32′ 15″	25億	エリダヌス	
		04h16m09.9s	−24 03′ 58″		エリダヌス	
		11h48m33.5s	+1929′ 40.1″		しし	
		09h46m56.68s	+10° 06′ 52.6″		しし	
		07h37m28.4s	+32° 16′ 19″	約60億	ふたご	
		09h56m29.8s	+51° 00′ 06″		おおぐま	
		12h05m40.4s	+49° 10′ 29″		おおぐま	
		12h50m28.3s	+05° 23′ 49″		おとめ	
		14h02m28.2s	+63° 21′ 33″		りゅう	
		16h27m46.4s	−00° 53′ 58″		へびつかい	
		16h30m28.2s	+45° 20′ 36″		ヘラクレス	
		23h21m20.9s	−09° 39′ 10″		みずがめ	
	20.3	10h00m28.6s	+02° 41′ 34″		ろくぶんぎ	
	22.3	10h02m11.2s	+02° 11′ 39″		ろくぶんぎ	
0.05×0.04分角	22.6	09h59m21.7s	+02° 06′ 38″		ろくぶんぎ	
	23.5	10h00m18.4s	+02° 38′ 45″		ろくぶんぎ	
0.08×0.06分角	19.1	10h00m13.9s	+02° 22′ 50″		ろくぶんぎ	
	20.6	10h00m47.6s	+01° 50′ 23″		ろくぶんぎ	
		14h29m35.3s	+00° 28′ 35.5″		おとめ	
		22h40m30s	+03° 21′ 30″	4億	ペガスス	
	16.78	22h40m30.3s	+03° 21′ 31″		ペガスス	
0.43×0.35分角	15.9	14h30m29.9s	+13° 39′ 12″		うしかい	活動銀河中心核AGN
1.0×0.7分角	14.6	15h38m54.1s	+17° 01′ 34″		へび（頭部）	レンズ状銀河、セイファート2型
0.33×0.28分角	16.7	15h10m04.0s	+07° 40′ 37″		うしかい	レンズ状銀河
0.72×0.44分角	15.7	12h18m19.3s	+29° 15′ 13″		かみのけ	渦巻銀河、セイファート2型
1.44×0.81分角	13.8	13h38m15.9s	+04° 32′ 33″		おとめ	レンズ状銀河、セイファート1.9型
0.7×0.6分角	17	16h28m04.0s	+51° 46′ 31″		りゅう	セイファート1.9型
1.7分角		18h16m10.5s	+42° 39′ 29″		こと	銀河ペア
0.85×0.57分角	15.1	22h01m41.6s	+11° 51′ 24″		ペガスス	レンズ状銀河
		10h36m33s542	+28° 28′ 21.56″		こじし	
		07h38m20s101	+27° 50′ 45.51″		ふたご	
		14h27m44s343	+37° 23′ 37.45″		うしかい	
		22h22m52s780	−02° 02′ 57.44″		みずがめ	
		00h30m04s960	+00° 25′ 01.42″		くじら	
		12h36m49.4s	+62° 12′ 48″		おおぐま	
		03h32m30s	−27° 48′ 20″		ろ	
		03h32m38s5	−27° 47′ 00″		ろ	
		03h32m40.0s	−27° 48′ 00″		ろ	
		03h32m40s0	−27° 48′ 00″		ろ	HUDF内

太陽系天体　SOLAR SYSTEM

系外惑星　EXTRASOLAR PLANET

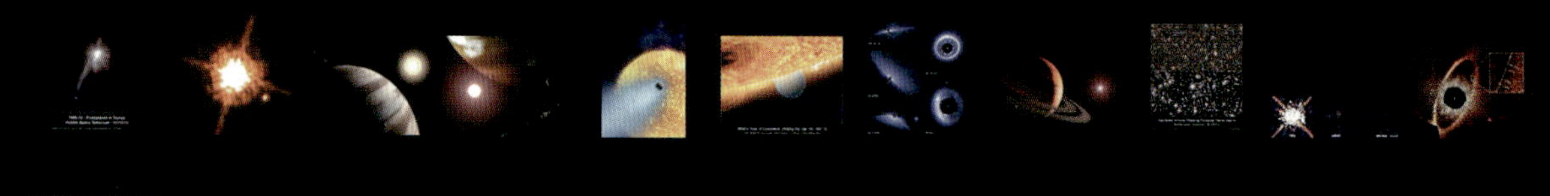

恒星・星雲・星団　STAR-NEBULA-STAR CLUSTER

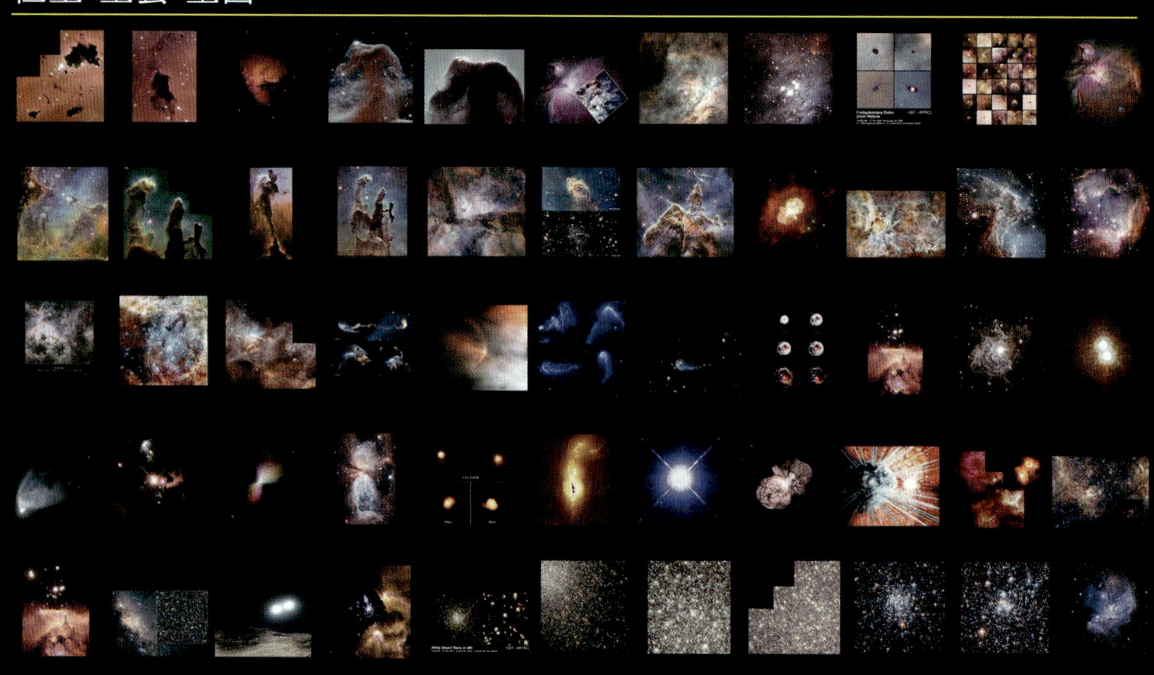

銀河

GALAXY

遠方の宇宙

DISTANT UNIVERSE

さくいん

数字・アルファベット

あ行

か行

さ行

た行

な行

は行

ま行

や行

ら行

わ行

沼澤茂美　Shigemi Numazawa

新潟県神林村の美しい星空の下で過ごし、小学校の頃から天文に興味を持つ。上京して建築設計を学び、建築設計会社を経てプラネタリウム館で番組制作を行う。1984年、日本ンプラネタリウムラボラトリーを設立する。天文イラスト・天体写真の仕事を中心に、執筆。NHKの天文科学番組の制作や海外取材、ハリウッド映画のイメージポスターを手がけるなど広範囲に活躍。
近著に『星座の写し方』『NGC/IC天体写真総カタログ』『宇宙の事典』『星座の事典』『見てわかる・写真で楽しむ天体ショー』『星降る絶景』などがある。

脇屋奈々代　Nanayo Wakiya

新潟県長岡市に生まれ、幼い頃から天文に興味を持つ。大学で天文学を学び、のちにプラネタリウムの職に就き、解説や番組制作に携わりながら太陽黒点の観測を長年行ってきた。1985年、日本プラネタリウムラボラトリーに参入して、プラネタリウム番組シナリオ、書籍の執筆、翻訳などの仕事を中心に、NHK科学宇宙番組の監修などで活躍。
近著に『NGC/IC天体写真総カタログ』『宇宙の事典』『星空ウオッチング』『図鑑いろいろな星』『ビジュアルで分かる宇宙観測図鑑』『四季の星座神話』などがある。

HST ハッブル宇宙望遠鏡のすべて
～驚異の画像でわかる宇宙のしくみ～
太陽系から最果ての銀河まで…宇宙がはっきりと見えてきた

NDC440

2015年8月18日　発　行

著　者　沼澤茂美　脇屋奈々代
発行者　小川雄一
発行所　株式会社 誠文堂新光社
〒113-0033　東京都文京区本郷3-3-11
（編集）03-5800-5779
（販売）03-5800-5780
http://www.seibundo-shinkosha.net/
印刷・製本　図書印刷株式会社

ISBN978-4-416-11546-6